Analytische Geometrie

für Studierende der Technik und
zum Selbststudium

Von

Dr. Adolf Hess

ehemals Professor am kantonalen Technikum in Winterthur

Elfte Auflage

Mit 105 Abbildungen

Springer-Verlag

Berlin / Göttingen / Heidelberg / New York

1965

ISBN 978-3-540-03327-1   ISBN 978-3-642-92899-4 (eBook)
DOI 10.1007/978-3-642-92899-4

Vorwort zur zweiten Auflage.

Die zweite Auflage ist eine wesentliche Kürzung der ersten: von 170 Seiten ist das Büchlein auf 123 zusammengeschrumpft, von den 140 Textabbildungen sind noch 105 vorhanden. Die Papiere mit logarithmischer Teilung, sowie die graphische Integration werden nicht mehr besprochen; diese Dinge sollen später anderswo behandelt werden. Durch diese Kürzungen konnte der Preis bedeutend herabgesetzt werden.

Möge das Büchlein auch in der neuen Form dem Studierenden ein a n r e g e n d e r Führer sein, ihn zur eigenen Tätigkeit aufmuntern, in ihm das Selbstvertrauen und die Sicherheit und damit die Lust zum Weiterstudium wecken.

Winterthur, im Oktober 1939.

Der Verfasser.

Die elfte Auflage stimmt mit der zehnten überein.

Zürich, im Herbst 1964.

Der Verfasser.

Inhaltsverzeichnis.

Seite

I. Graphische Darstellungen 1

   § 1. Das rechtwinklige Koordinatensystem 1
   § 2. Graphische Darstellungen 3
   § 3. Beispiele und Übungen 5

II. Punkte und Strecken 7

   § 4. Entfernung zweier Punkte 7
   § 5. Steigung. Richtungswinkel eines Vektors 8
   § 6. Beispiele 9
   § 7. Teilungsverhältnis 9
   § 8. Inhalt eines Vielecks 11

III. Die gerade Linie 13

   § 9. Die Hauptgleichung der Geraden. 13
   § 10. Beispiele 15
   § 11. Andere Gleichungsformen der Geraden 18
   § 12. Beispiele 20
   § 13. Überführung der allgemeinen Gleichung in die Normalform 21
   § 14. Abstand eines Punktes von einer Geraden 23
   § 15. Die Gleichungen der Winkelhalbierenden 25
   § 16. Strahlenbüschel 26
   § 17. Verschiedene Längeneinheiten auf den Koordinatenachsen 28

IV. Allgemeines über Kurvengleichungen 31

   § 18. Tangente als Grenzlage einer Sekante 31
   § 19. Parallelverschiebung und Drehung des Koordinatensystems 34
   § 20. Polarkoordinaten 36
   § 21. Parameterdarstellung 38

V. Der Kreis 40

   § 22. Die Kreisgleichung 40
   § 23. Beispiele 41
   § 24. Kreistangente 44
   § 25. Kreisbüschel 47
   § 26. Polargleichung des Kreises 48

VI. Die Parabel 51

   § 27. Definition. Scheitelgleichung 51
   § 28. Eine einfache Konstruktion der Parabel 53

                                                                    Seite
§ 29. Parallele Sehnen 54
§ 30. Gleichung der Tangente. Tangenteneigenschaften 54
§ 31. Normale und Subnormale 58
§ 32. Krümmungskreis im Scheitel der Parabel 58
§ 33. Fläche eines Parabelsegments 59
§ 34. Beispiele 60
§ 35. Die Parabel als Bild der ganzen Funktion 63
§ 36. Gleichung der Tangente in einem Punkte der Parabel . . 64
§ 37. Beispiele 65

VII. Die Ellipse 70
§ 38. Affine Kurven 70
§ 39. Die Ellipse als affine Figur des Kreises 71
§ 40. Konstruktion der Ellipse aus den Scheitelkreisen 72
§ 41. Konstruktion und Gleichung der Tangente 73
§ 42. Der Ellipsenzirkel 74
§ 43. Parametergleichung 75
§ 44. Scheitelgleichung der Ellipse 75
§ 45. Krümmungskreise in den Scheiteln der Ellipse 75
§ 46. Die Diagonalpunkte mit ihren Tangenten 76
§ 47. Beispiele 77
§ 48. Die Ellipse als Kreisprojektion. Fläche der Ellipse. . . . 81
§ 49. Konjugierte Durchmesser 82
§ 50. Brennpunkte der Ellipse 85

VIII. Die Hyperbel 88
§ 51. Flächengleiche Parallelogramme. Achsengleichung 88
§ 52. Asymptoten. Scheitel. Achsen 89
§ 53. Zwei Hyperbelkonstruktionen 91
§ 54. Konstruktion und Gleichung einer Tangente 91
§ 55. Eine Parameterdarstellung 92
§ 56. Beispiele 93
§ 57. Die Asymptoten oder Parallele dazu als Koordinatenachsen 95
§ 58. Beispiele 97
§ 59. Brennpunkte einer Hyperbel 98
§ 60. Beispiele 100

IX. Allgemeine Gleichungen der Kegelschnitte 101
§ 61. Kegelschnitte 101
§ 62. Die allgemeine Gleichung 2. Grades mit zwei Variablen . 105
§ 63. Beispiele 111
§ 64. Umformung der Parabelgleichung 112
§ 65. Beispiele 114
§ 66. Besondere Fälle 116

Ergebnisse 117

Sachverzeichnis 123

I. Graphische Darstellungen.

§ 1. Das rechtwinklige Koordinatensystem[1].

Wir ziehen in einer Ebene durch einen beliebigen Punkt O zwei aufeinander senkrecht stehende Gerade (Abb. 1). Die eine ziehen wir horizontal und nennen sie die *Abszissenachse* oder X-Achse, die andere heiße *Ordinatenachse* oder Y-Achse; beide Achsen zusammen werden die *Koordinatenachsen* genannt. Sie schneiden sich im *Nullpunkt* oder Koordinatenanfangspunkt oder Ursprung O. Auf jeder Achse unterscheiden wir zwei *Richtungen*; die positive Richtung in der X-Achse geht von links nach rechts, in der Y-Achse von unten nach oben; die entgegengesetzten Richtungen seien negativ.

Durch die Achsen wird die Ebene in vier Felder zerlegt, die man *Quadranten* nennt und die wir im Sinne der Figur als den I. bis IV. Quadranten unterscheiden. Drehen wir den von O nach rechts gehenden Teil der X-Achse im entgegengesetzten Sinne des Uhrzeigers, bis er mit dem nach oben gehenden Teil der Y-Achse zusammenfällt, so nennen wir diesen *Drehungssinn* den positiven, den mit dem Uhrzeiger übereinstimmenden den negativen.

Auf beiden Achsen tragen wir von O aus, im positiven Sinne, eine bestimmte Strecke als *Einheitsstrecke* ab; sie möge als Längen-

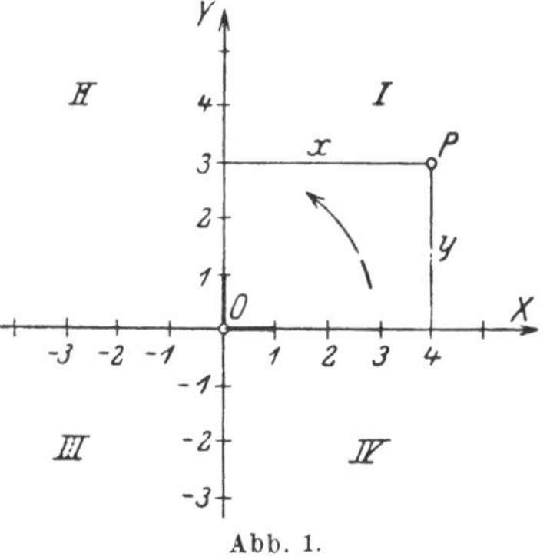

Abb. 1.

---

[1] Auch „kartesisches Koordinatensystem" genannt nach dem französischen Mathematiker und Philosophen Descartes (Cartesius). 1637 erschien sein Werk „Géometrie".

einheit dienen zur Messung aller Strecken auf den Koordinatenachsen oder auf Geraden, die zu den Achsen parallel laufen.

Nun sei P ein beliebig gewählter Punkt in einem der vier Quadranten. Er möge von der Y-Achse den Abstand x, von der X-Achse den Abstand y haben. Diese Abstände x und y eines Punktes von den Koordinatenachsen, oder genauer gesagt, *die Maßzahlen, die diesen Strecken zukommen*, nennt man die *Koordinaten* des Punktes P. Im besonderen heißt x die *Abszisse*, y die *Ordinate*. Je nachdem der Punkt rechts oder links von der Y-Achse liegt, rechnen wir seine Abszisse positiv oder negativ. Für die Punkte oberhalb der X-Achse soll die Ordinate positiv, für die unterhalb negativ gerechnet werden. In der folgenden *Tabelle sind die Vorzeichen der Koordinaten* für die vier Quadranten zusammengestellt.

Quadrant	I	II	III	IV
Abszisse x	+	—	—	+
Ordinate y	+	+	—	—

Nach Wahl eines Koordinatenkreuzes und einer Längeneinheit entspricht jedem *Zahlenpaar* ein bestimmter *Punkt* des Blattes, und umgekehrt, jedem Punkte des Blattes werden zwei Zahlengrößen, seine Koordinaten, zugeordnet. Man nennt den Punkt P mit den Koordinaten x, y auch etwa den *Bildpunkt* des Zahlenpaares x, y.

Wir bezeichnen einen Punkt P, der die Abszisse $x = a$, die Ordinate $y = b$ hat, in der Folge kurz mit $P\,(a;\,b)$ oder auch nur mit $(a;\,b)$. Die erste Zahl soll sich stets auf die Abszisse beziehen. Als Längeneinheit für beide Achsen wählen wir, wenn nichts anderes gesagt wird, den Zentimeter (1 cm). Mit $P\,(4;\,3)$ ist demnach ein Punkt P festgelegt, der 4 cm rechts von der Ordinaten- und 3 cm über der Abszissenachse liegt. Ist ein *bestimmter* Punkt ins Auge gefaßt, so fügen wir an x und y einen Index, z. B. $P\,(x_1;\,y_1)$; $A\,(x_0;\,y_0)$.

Übungen.

1. Zeichne die Punkte $A\,(4;\,3)$; $B\,(—5;\,2)$; $C\,(—2;\,—4)$; $(5;\,—4)$.

2. Wie groß ist a) die Ordinate eines Punktes, der auf der X-Achse liegt? b) die Abszisse eines Punktes auf der Y-Achse?

3. Wo liegen *alle* Punkte mit der Abszisse $x = 3$? Wo alle Punkte mit der Ordinate $y = -2$?

4. Welche Koordinaten hat der zu $P(a; b)$ symmetrische Punkt a) bezüglich der X-Achse? b) bezüglich der Y-Achse? c) bezüglich des Nullpunktes?

5. Wo liegen alle Punkte, für die Abszisse und Ordinate a) gleiche, b) entgegengesetzte Maßzahlen haben?

§ 2. Graphische Darstellungen.

Es seien nun x und y zwei der Veränderung fähige Größen (zwei *Variable*, zwei *Veränderliche*). Ist y durch x bestimmt, so nennen wir y eine *Funktion* von x. Dadurch soll also zum Ausdruck gebracht werden, daß y durch ein gewisses Gesetz an x gebunden, von x abhängig ist. Eine solche Abhängigkeit können wir z. B. in einfacher Weise durch eine *Gleichung* festlegen, wie etwa

$$y = 0{,}5\,x + 2,$$
$$\text{oder } y = 0{,}1\,x^2 + 3\,x - 4,$$
$$\text{oder } y = \frac{5\,x - 2}{3\,x + 4}.$$

Geben wir z. B. in $y = 0{,}5\,x + 2$ der Größe x der Reihe nach die Werte 0; 2; 5; 10; —6, so ordnet die Gleichung, man könnte sagen automatisch, jedem dieser Werte einen bestimmten Wert y zu, nämlich der Reihe nach: 2; 3; 4,5; 7; —1. Durch die Gleichung werden unzählige Werte x und y paarweise aneinander geknüpft. Diese Zuordnung, Verknüpfung kann durch ein Koordinatensystem zeichnerisch (graphisch) veranschaulicht werden, indem man jedem von der Gleichung gelieferten Wertepaar $(x,\ y)$ einen Punkt mit den Koordinaten $(x,\ y)$ entsprechen läßt. So

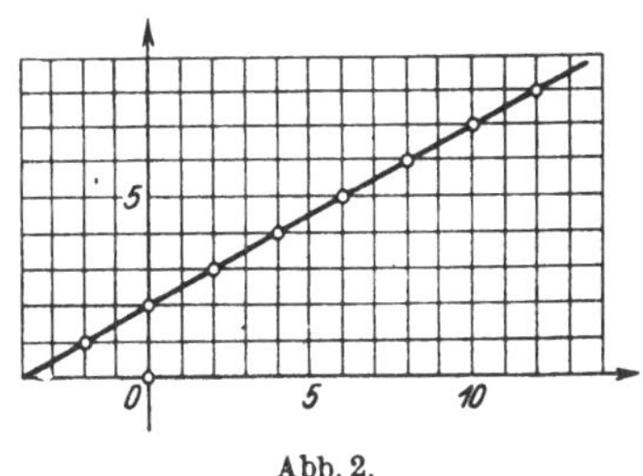

Abb. 2.

liefern z. B. die oben berechneten Wertepaare (0; 2), (2; 3), (5; 4,5) usw. Punkte, die in einer geraden Linie liegen (Abb. 2).

Wir wählen jetzt etwas allgemeinere Bezeichnungen. Wenn y eine Funktion von x ist, so drücken wir das mathematisch aus durch die Gleichung

$$y = f(x) \tag{1}$$

1*

(gelesen: y ist eine Funktion von x, oder kürzer: $y = f$ von x).
Damit ist ganz allgemein die Tatsache der Abhängigkeit ausge-
sprochen; *wie* das Gesetz lautet, das y mit x verknüpft, das ist
durch die Gleichung (1) noch nicht bestimmt. Wenn nun x stetig
von einem Werte a bis zu einem andern Werte b alle Zwischenwerte
durchläuft (durchfließt), so wird y die zugeordnete Zahlenreihe
durchlaufen und der dem veränderlichen Wertepaar $(x;\ y)$ entsprechende Punkt P wird eine gewisse Kurve durchwandern

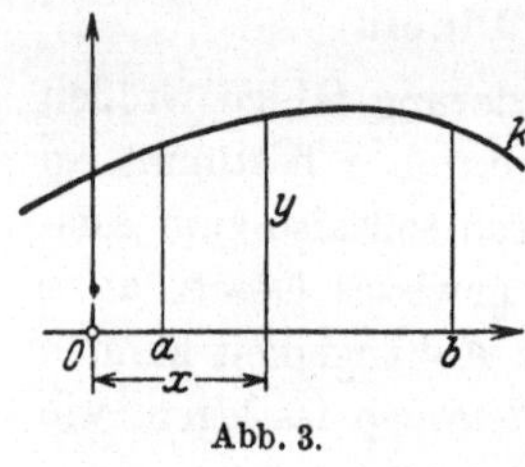

Abb. 3.

(Abb. 3). Einer Gleichung $y = f(x)$ wird
also, von besonderen Fällen abgesehen,
durch Vermittlung des Koordinaten·
systems eine gewisse Kurve k zugeordnet. Man sagt: $y = f(x)$ *ist die Gleichung
der Kurve. Die Kurve ist das Bild, die
graphische Darstellung der Gleichung*
$y = f(x)$.

Neben der Gleichung (1) ist noch eine zweite Form gebräuch-
lich. Gleichung (1) enthält links nur den Wert y, sie ist nach y
aufgelöst. Ist aber die x und y verknüpfende Gleichung noch un-
entwickelt, noch nicht nach y aufgelöst, wie z. B. $x^2 + y^2 - 64$
$= 0$, so gebrauchen wir dafür das allgemeine Zeichen

$$F(x, y) = 0. \tag{2}$$

Wenn eine *Kurve gezeichnet* vorliegt, so können wir uns mit
unseren Augen überzeugen, ob ein Punkt auf ihr liegt oder nicht.
Wie aber erkennen wir, ob der Punkt $(a;\ b)$ auf der Kurve von der
Gleichung $y = f(x)$ liegt, wenn keine Zeichnung vorliegt? *Der
Punkt $P\ (a;\ b)$ liegt auf der Kurve, wenn seine Koordinaten $(a;\ b)$ die
Gleichung $y = f(x)$ befriedigen, also wenn $b = f(a)$ ist.* Unter $f(a)$
ist der Wert zu verstehen, den $f(x)$ annimmt, wenn man an die
Stelle von x den bestimmten Wert a setzt. So ist z. B., wenn
$y = 0{,}1\ x^2\ [= f(x)]$ ist, $f(2) = 0{,}4;\ f(12) = 14{,}4;\ f(-12) = 14{,}4$
usf.

Man wird schon jetzt erkennen, daß gewisse *algebraische* Eigenschaften sich in gewissen *geometrischen* Eigenschaften der Kurven
widerspiegeln werden, und umgekehrt. Jener Zweig der Mathe-
matik, der sich zur besonderen Aufgabe setzt, geometrische Pro-
bleme auf Grund des Koordinatenbegriffs nach rechnenden Me-
thoden zu behandeln, ist die *analytische Geometrie*.

Bevor wir aber genauer auf diesen Gegenstand eintreten, wollen wir als vorbereitende Übungen einige graphische Darstellungen besprechen. Der Leser benutze einige Bogen *Millimeterpapier* und zeichne die Kurven ein. Wer glaubt, mit dem bloßen Verständnis für die Lösung einer Aufgabe sei es getan, wer sich die Mühe des Aufzeichnens ersparen will, der handelt nicht klug. Gerade durch diese „Handarbeit" des Aufzeichnens, durch die Ausführung einer Aufgabe bis zum letzten Strich, gewinnt man jene gewünschte Sicherheit in der analytischen Geometrie, ganz abgesehen davon, daß man sich nach und nach eine schöne Sammlung gezeichneter Kurven anlegen kann, zu deren Herstellung man später im praktischen Leben keine Zeit mehr findet.

§ 3. Beispiele.

1. Beispiel. Es ist das Bild zu zeichnen, das der Gleichung $y = 0,2\, x^2$ entspricht.

Für $x =$	0	1	2	3	4	5	6	7	8	cm
wird $y =$	0	0,2	0,8	1,8	3,2	5,0	7,2	9,8	12,8	,,

Geben wir x die negativen Werte $-1; -2; -3; \ldots$, so erhalten wir genau die gleichen Werte y; denn für irgendeinen bestimmten Wert x_1 ist $0,2\, x_1^2 = 0,2\, (-x_1)^2 = y$. Punkte mit entgegengesetzten Abszissen, aber gleichen Ordinaten liegen *symmetrisch zur Y-Achse.*

2. Beispiel. Zeichne die Kurve mit der Gleichung $y = 0,1\, x^3$.

Für $x =$	-5	-3	-1	0	$+1$	$+3$	$+5$
wird $y =$	$-12,5$	$-2,7$	$-0,1$	0	$+0,1$	$+2,7$	$+12,5$.

Punkte mit entgegengesetzten Abszissen haben auch entgegengesetzte Ordinaten. Man sagt: die Kurve ist *symmetrisch in bezug auf den Nullpunkt.*

3. Beispiel. Zeichne die Kurve mit der Gleichung $x^2 + y^2 = 16$. Wir lösen nach y auf; $y = \pm \sqrt{16 - x^2}$ und geben x wieder verschiedene Werte.

Für $x =$	-0	± 1	± 2	± 3	$\pm 3,5$	± 4
wird $y =$	± 4	$\pm 3,87$	$\pm 3,46$	$\pm 2,65$	$\pm 1,94$	0.

Die Kurve ist *zu beiden Koordinatenachsen symmetrisch*; der Grund hiefür liegt in dem Vorhandensein von nur quadratischen Gliedern von x und y, sofern die Gleichung von den Wurzeln befreit ist.

4. Beispiel. Zeichne die Kurve mit der Gleichung $y = \dfrac{24}{x - 2}$.

Für $x =$	-6	-4	-2	0	$+2$	$+4$	$+6$	$+8$
wird $y =$	-3	-4	-6	-12	$\mp \infty$	$+12$	$+6$	$+4$.

Beachten wir das Verhalten der Kurve an der kritischen Stelle $x = 2$. Es sei zunächst x kleiner als 2; dann können wir setzen $x = 2 - \varepsilon$, wo ε eine positive Zahl bedeutet und y wird $24 : (-\varepsilon)$. Mit abnehmendem ε rückt der Punkt immer näher an die Stelle $x = 2$. Die Ordinate bleibt beständig negativ, aber ihr absoluter Wert wird immer größer und größer. Lassen wir den Punkt von rechts her gegen die kritische Stelle $x = 2$ rücken, so können wir setzen $x = 2 + \varepsilon$ und y wird $24 : \varepsilon$. Die Ordinate ist positiv, aber mit gegen Null rückendem Werte ε wird sie jeden endlichen Wert übersteigen. Für $x = 2$ erstreckt sich demnach die Kurve sowohl in der negativen als in der positiven Richtung der Y-Achse ins Unendliche. Die Kurve von der Gleichung $y = 24 : (x - 2)$ hat kein ganz im Endlichen liegendes, lückenloses Bild; man sagt sie sei an der Stelle $x = 2$ *unstetig*. Wird aber x dem absoluten Werte nach immer größer, so wird der absolute Wert der Ordinate kleiner, die Kurve nähert sich sowohl links als rechts der Abszissenachse.

Übungen.

1. Auf dem gleichen Blatt ist zu zeichnen von $x = -5$ bis $x = +5$
$$y = 0,5\,x + 4 \qquad y = x + 4 \qquad y = -1,2\,x + 8$$
$$y = 0,5\,x - 2 \qquad y = -x + 5 \qquad y = 0,8\,x - 4\,.$$

2. Ebenso: $y = 0,1\,x^2;\quad y = 0,1\,x^2 + 4;\qquad y = -0,2\,x^2 + x + 2$
$$y = 0,3\,x^2;\quad y = 0,1\,x^2 - x + 4;\quad y = 0,2\,x^2 + 0,5\,x - 3\,.$$

3. Ebenso: $y = 0,8\,\sqrt{25 - x^2};\quad y = 0,3\,\sqrt{25 - x^2};\quad y = 1,5\,\sqrt{25 - x^2}$

4. Ebenso: $y = \dfrac{12}{x} \qquad y = \dfrac{24}{x} \qquad y = -\dfrac{24}{x} \qquad y = 2 + \dfrac{12}{x - 3}\,.$

5. $y = 0,1\,x\,(x + 3)\,(x - 5)$ von $x = -5$ bis $x = +7$

6. $y = 0,1\,x\,(x - 5)^2$,, $x = -2$,, $x = +8$

7. $y = 0,1\,(x^2 - 4)^2$,, $x = -3,5$,, $x = +3,5$

8. $y = \dfrac{16}{x^2 + 4}$,, $x = -7$,, $x = +7$

9. $y = \dfrac{5\,x^2}{x^2 + 4}$,, $x = -8$,, $x = +8$

10. $y = \dfrac{16\,x}{x^2 + 4}$,, $x = -8$,, $x = +8$

11. $y = \pm\,0,2\,x\,\sqrt{x\,(10 - x)}$,, $x = 0$,, $x = 10$

12. $y = \pm\,0,75\,\sqrt{x^2 + 16}$,, $x = -8$,, $x = +8$

13. $y = \pm\,x\,\sqrt{\dfrac{8 - x}{8 + x}}$,, $x = -3$,, $x = +8$

14. $y = \dfrac{5}{(x - 2)^2}$,, $x = -5$,, $x = +7$

15. Die Kurve von der Gleichung $y = 0,5\,x + 2 + \dfrac{10}{x - 3}$ kann auch so gezeichnet werden:

Man zeichnet $\qquad\qquad y' = 0,5\,x + 2$

$$\text{und} \quad y'' = \dfrac{10}{x - 3}\,.$$

Hierauf die „*Summenkurve*" $y = y' + y''$ durch Addition der Ordinaten der gezeichnet vorliegenden Einzelkurven.

16. Zeichne nach der gleichen Methode $y = \frac{1}{8} x^2 + 3 - x$ durch Zerlegung in $y' = 3 - x$; $\quad y'' = \frac{1}{8} x^2$; $\quad y = y' + y''$.

17. $5 x^2 + 6 x y + 5 y^2 - 32 = 0$. Wir lösen nach y auf: $y = 0{,}2 \left(-3 x \pm 4 \sqrt{10 - x^2} \right)$ und zeichnen die Kurve von $x = -\sqrt{10}$ bis $x = +\sqrt{10}$.

18. Für die *Schnittpunkte einer Kurve $y = f(x)$ mit der X-Achse* ist $y = 0$. Man findet also die zugehörigen Abszissen aus der Gleichung $f(x) = 0$. Im Beispiel 5 sind diese Werte $x_1 = 0$; $x_2 = -3$; $x_3 = 5$.

19. Überlege die folgenden *Sätze über Symmetrie*:

a) Eine Kurve ist symmetrisch in bezug auf die X-Achse, wenn ihre Gleichung sich nicht verändert bei Vertauschung von y durch $(-y)$.

Beispiele: $\qquad y^2 = x$; $\qquad x^2 + y^2 = 16$.

b) Eine Kurve ist symmetrisch in bezug auf die Y-Achse, wenn ihre Gleichung unverändert bleibt, wenn x durch $(-x)$ ersetzt wird.

Beispiele: 8; 9; 12.

Wenn eine Kurve in bezug auf *beide* Koordinatenachsen symmetrisch ist, dann ist sie auch symmetrisch in bezug auf den Nullpunkt.

c) Eine Kurve ist symmetrisch in bezug auf den Nullpunkt, wenn ihre Gleichung bei der Vertauschung von x durch $(-x)$ und y durch $(-y)$ unverändert bleibt.

Beispiele: 4; 10; 17.

d) Wenn die Vertauschung von x und y die Kurvengleichung unverändert läßt, dann ist die entsprechende Kurve symmetrisch in bezug auf die Winkelhalbierende (45°-Linie) des I. und III. Quadranten.

Beispiele: $x y = 12$; $x^2 + y^2 = 16$.

II. Punkte und Strecken.

§ 4. Entfernung zweier Punkte.

Es sei $A(x_1; y_1)$ der Anfangspunkt, $B(x_2; y_2)$ der Endpunkt der Strecke $A B$. Projiziert man $A B$ auf die Koordinatenachsen, so sind die Projektionen gegeben durch

$$A' B' = x_2 - x_1 ,$$
$$A'' B'' = y_2 - y_1 .$$

Wo auch A und B gewählt werden mögen, der absolute Wert dieser Differenzen gibt die Länge, das Vorzeichen bestimmt die Richtung der Projektionen (Abb. 4).

Liegt B' rechts von A', so ist $x_2 - x_1$ positiv, liegt B' links von A', negativ.

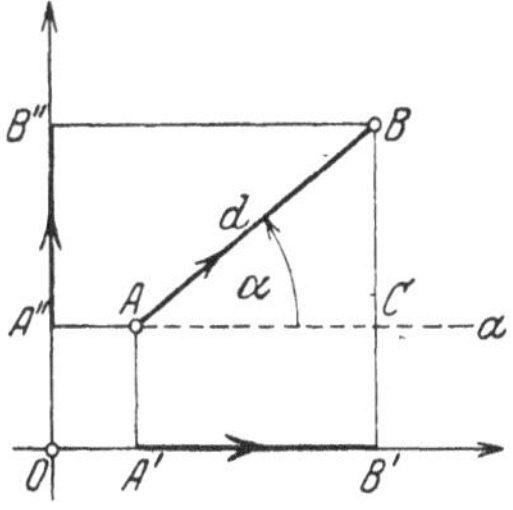

Abb. 4.

Die Richtung der Projektion kann auch erhalten werden, indem man den Pfeil auf der Strecke AB mitprojiziert. Soll nur die Entfernung von A nach B berechnet werden, so spielt das Vorzeichen der Projektionen keine Rolle. Es ist

$$AB = d = \sqrt{AC^2 + BC^2}\,,$$

oder, da $AC = x_2 - x_1$ und $BC = y_2 - y_1$ ist

$$d = AB = \sqrt{(x_2 - x_1)^2 + (y_2 - y_1)^2}.$$

Das Vorzeichen der Quadratwurzel soll immer positiv gewählt werden.

§ 5. Steigung. Richtungswinkel eines Vektors.

Wir ziehen durch den Anfangspunkt der Strecke AB (Strecken mit Richtung nennt man auch *Vektoren*) einen Strahl a parallel zur positiven Richtung der X-Achse. Unter dem *Richtungswinkel* der Strecke AB verstehen wir den Winkel α, um den man diesen Strahl a im positiven Sinne um A drehen muß, bis er mit AB zusammenfällt. Es ist also

$$\operatorname{tg} \alpha = \frac{BC}{AC} = \frac{y_2 - y_1}{x_2 - x_1} = m\,.$$

Diesen Wert m nennt man die *Steigung* der Strecke AB.

α ist ein Winkel zwischen $0°$ und $360°$. In der Formel für $\operatorname{tg} \alpha$ ist genau auf die Reihenfolge der Koordinaten zu achten. Von den Koordinaten des Endpunktes sind die entsprechenden Koordinaten des Anfangspunktes zu subtrahieren. Um den richtigen Winkel zwischen $0°$ und $360°$ zu bestimmen, ist sowohl das Vorzeichen des Zählers als auch das des Nenners zu berücksichtigen.

Ist	$y_2 - y_1$	$+$	$+$	$-$	$-$
und zugleich	$x_2 - x_1$	$+$	$-$	$-$	$+$
so liegt α im		I.	II.	III.	IV. Quadranten.

§ 6. Beispiele.

1. Beispiel. Bestimme die Entfernung des Punktes $(x_1;\ y_1)$ vom Nullpunkt. Man setzt in der Distanzformel

$$x_2 = 0;\quad y_2 = 0;\quad \text{dann ist}\quad d = \sqrt{x_1^2 + y_1^2}\,,$$

2. Beispiel. Bestimme die Länge und die Richtung des Vektors von $A\,(-8;\ 5)$ nach $B\,(6;\ -3)$.

Es ist $\quad AB = \sqrt{(6 + 8)^2 + (-3 - 5)^2} = \sqrt{260} = 16{,}12 \text{ cm}$

$$\text{tg } \alpha = \frac{-\,3 - 5}{6 - (-\,8)} = -\,0{,}5714, \text{ somit } \alpha = 360° - 29°\,45' = 330°\,15'.$$

3. Beispiel. Bestimme einen Punkt $P\,(x;y)$, der von den Punkten $A\,(8;2)$ $B\,(-7;5)$ $C\,(4;8)$ gleiche Entfernung hat.

Weil $PA = PB$, gilt $(x - 8)^2 + (y - 2)^2 = (x + 7)^2 + (y - 5)^2$,

,, $PB = PC$, ,, $(x + 7)^2 + (y - 5)^2 = (x - 4)^2 + (y - 8)^2$.

Aus diesen beiden Gleichungen folgt $x_0 = 0$; $y_0 = 1$ für den Punkt P.

Übungen.

1. Bestimme den Umfang des Dreiecks mit den Ecken $A\,(5;2)$ $B\,(-6;4)$ $C\,(2;-5)$.

2. Bestimme die Koordinaten eines Punktes, der von den drei Punkten $A\,(6;5)$ $B\,(0;-3)$ $C\,(-2;1)$ gleiche Entfernung hat.

3. Zeige, daß das Dreieck $A\,(3;-1)$ $B\,(5;-3)$ $C\,(11;5)$ gleichschenklig ist.

4. Bestimme einen Punkt P auf der Y-Achse, der von $A\,(3;8)$ $B\,(7;5)$ gleiche Entfernung hat.

5. $A\,(x_1;y_1)$ und $B\,(x_2;y_2)$ sind zwei aufeinander folgende Ecken eines Parallelogramms. Der Nullpunkt ist der Schnittpunkt der Diagonalen. Welches sind die Koordinaten von den andern Ecken C und D? Es sei $AB = CD = a$; $BC = AD = b$; $BD = e$; $AC = f$. Beweise: $2\,(a^2 + b^2) = e^2 + f^2$.

6. Es seien $P_0P_1P_2P_3$ die Ecken eines Linienzuges mit den bezüglichen Koordinaten (x_0y_0); (x_1y_1); ...; dann haben die Projektionen der Vektoren P_0P_1; P_1P_2; P_2P_3 auf die X-Achse der Reihe nach die Werte $P'_0P_1 = x_1 - x_0$; $P'_1P_2 = x_2 - x_1$; $P'_2P_3 = x_3 - x_2$. Die Addition gibt $P'_0P_3 = x_3 - x_0$. Dies ist aber die Projektion der „Schlußlinie P_0P_3", oder wie man auch sagt, der „Vektorsumme".

Allgemein gilt offenbar: die algebraische Summe der Projektionen der einzelnen Vektoren auf eine Gerade g ist gleich der Projektion der Schlußlinie (der Summe).

Fällt P_3 wieder nach P_0, das Vektorvieleck (hier ein Dreieck) ist geschlossen, dann ist $x_3 - x_0 = 0$; somit:

die Projektion eines geschlossenen Vektorvielecks auf irgendeine gerade Linie g ist Null.

§ 7. Teilungsverhältnis.

A und B seien zwei beliebige, aber fest bleibende Punkte einer Geraden g. P sei ein dritter Punkt der nämlichen Geraden, der aber eine beliebige Stellung auf der Geraden einnehmen darf. Man nennt das Verhältnis der Strecken $AP : BP$ das durch P bewirkte Teilungsverhältnis n der Strecke AB. n ist eine reine Zahl, positiv, wenn die Strecken AP und BP die gleiche, negativ, wenn sie ungleiche Richtung haben. n ist demnach positiv für alle

Punkte P, die nicht zwischen A und B liegen. Links von A ist $n < 1$, rechts von B größer als 1. Für den unendlich fernen Punkt der Geraden ist $n = 1$. Für den Mittelpunkt M ist $n = -1$.

Wir denken uns die Gerade in Beziehung zu einem Koordinatensystem gesetzt (Abb. 6). Projiziert man die Punkte A, B, P auf die Koordinatenachsen, so ist

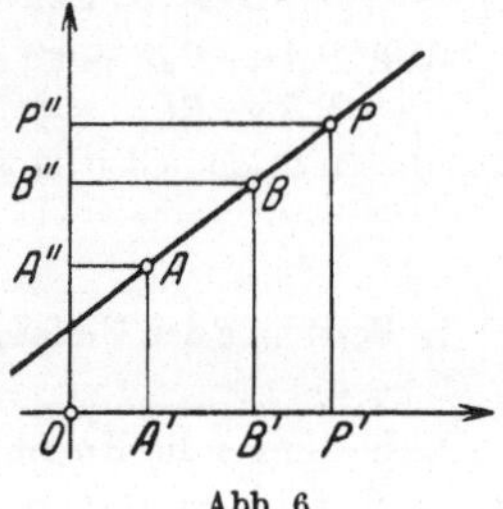

Abb. 5.　　　　　　　　　Abb. 6.

$$A P : B P = A' P' : B' P' = A'' P'' : B'' P'' = n,$$

d. h. das Teilungsverhältnis n geht durch die Projektion auf die Achsen nicht verloren. Nun sei

$$O A' = x_1; \; O B' = x_2; \; O P' = x; \; O A'' = y_1; \; O B'' = y_2; \; O P'' = y,$$

also
$$\frac{x - x_1}{x - x_2} = n \quad \text{und} \quad \frac{y - y_1}{y - y_2} = n,$$
woraus folgt
$$x = \frac{x_1 - n x_2}{1 - n}, \quad y = \frac{y_1 - n y_2}{1 - n}.$$

Hieraus können die Koordinaten $(x; y)$ des Teilungspunktes P berechnet werden, wenn die Koordinaten der Fixpunkte und das Teilungsverhältnis n gegeben sind.

1. Beispiel. Welches sind die Koordinaten des *Mittelpunktes einer Strecke?*

Sind $A (x_1; y_1)$ und $B (x_2; y_2)$ die gegebenen Endpunkte der Strecke, so ist für den Mittelpunkt $n = -1$, somit

$$x = 0{,}5 \cdot (x_1 + x_2) \quad \text{und} \quad y = 0{,}5 \cdot (y_1 + y_2).$$

Die Koordinaten des Mittelpunktes einer Strecke sind immer das arithmetische Mittel aus den entsprechenden Koordinaten der Endpunkte.

2. Beispiel. Welches sind die Koordinaten des *Schwerpunktes eines Dreiecks,* wenn die Koordinaten der Eckpunkte bekannt sind?

$A (x_1; y_1)$; $B (x_2; y_2)$ und $C (x_3; y_3)$ seien die drei Ecken. Der Schwerpunkt $S (x; y)$ liegt auf der Verbindungslinie des Mittelpunktes M der Seite $A B$ mit der Ecke C, und zwar ist $M S = 0{,}5 \cdot S C$. M hat die Koordinaten $0{,}5 (x_1 + x_2)$; $0{,}5 (y_1 + y_2)$. Faßt man M und C als Fixpunkte auf, so ist das Teilverhältnis $M S : C S = -0{,}5$. Demnach hat der Schwerpunkt S die Koordinaten

$$x = \frac{0,5\,(x_1 + x_2) + 0,5\,x_3}{1 - (-0,5)} \quad \text{und} \quad y = \frac{0,5\,(y_1 + y_2) + 0,5\,y_3}{1 - (-0,5)}$$

oder $\quad x = \tfrac{1}{3} \cdot (x_1 + x_2 + x_3) \quad$ und $\quad y = \tfrac{1}{3} \cdot (y_1 + y_2 + y_3)$,

d. h. die Koordinaten des Schwerpunktes sind das arithmetische Mittel aus den entsprechenden Koordinaten der Ecken des Dreiecks.

Übungen.

1. Bestimme die Koordinaten des Mittelpunktes der Strecke $A\,(-4;\,6)$ $B\,(6;\,-4)$.

2. Bestimme die Koordinaten des Mittelpunktes der Strecke $A\,(a;\,b)$ $B\,(-a;\,-b)$.

3. Gesucht: die Koordinaten des Schwerpunktes des Dreiecks $A\,(5;\,4)$ $B\,(-5;\,2)$ $C\,(3;\,-3)$.

4. A, B, C seien die Ecken eines Dreiecks. D sei der Mittelpunkt der Seite BC. Beweise: $AB^2 + AC^2 = 2\,(AD^2 + BD^2)$.

5. u, v, w seien die Abstände des Schwerpunktes von den Ecken eines Dreiecks. a, b, c seien die Seiten des Dreiecks. Beweise:

$$a^2 + b^2 + c^2 = 3\,(u^2 + v^2 + w^2).$$

6. Es seien $A\,(1;\,5)$ $B\,(8;\,-2)$ die Endpunkte einer Strecke. Berechne nach

$$x = \frac{1 - 8\,n}{1 - n} \; ; \qquad y = \frac{5 + 2\,n}{1 - n}$$

verschiedene Wertepaare $(x;\,y)$ und zeichne die entsprechenden Punkte für $n = -1;\ -0,5;\ -2;\ 1;\ 2;\ 0,8;\ 0,7$. Diese Gleichungen liefern „automatisch" zu jedem n die Koordinaten eines Punktes auf der Geraden durch $A,\,B$.

§ 8. Inhalt eines Vielecks.

Es soll der Flächeninhalt eines Vielecks aus den Koordinaten seiner Ecken berechnet werden. Wir setzen voraus, daß sich die Seiten des Vielecks nicht durchsetzen. Wir berechnen zunächst den Inhalt eines Dreiecks. $P_1(x_1;\,y_1)$; $P_2(x_2;\,y_2)$; $P_3(x_3;\,y_3)$ seien die Ecken (Abb. 7). $OP_1 = r_1$; $OP_2 = r_2$; $OP_3 = r_3$. Diese Linien schließen mit der X-Achse der Reihe nach die Winkel α_1; α_2 und α_3 ein. Dann ist der Inhalt J des Dreiecks gegeben durch

$$J = \triangle OP_1P_2 + \triangle OP_2P_3 - \triangle OP_3P_1, \quad \text{oder}$$

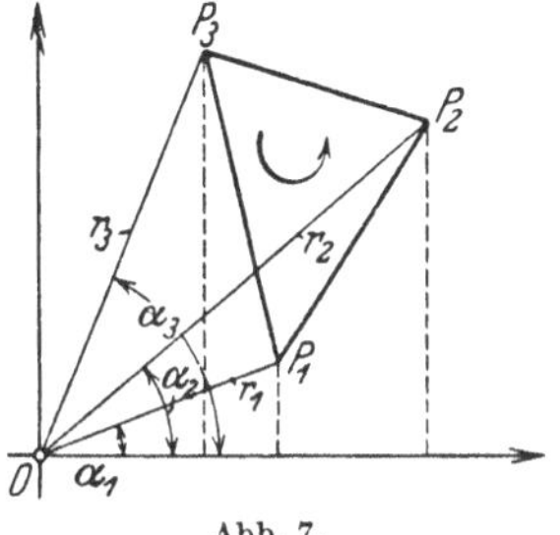

Abb. 7.

$$2\,J = r_1 r_2 \cdot \sin(\alpha_2 - \alpha_1) + r_2 r_3 \cdot \sin(\alpha_3 - \alpha_2) - r_3 r_1 \sin(\alpha_3 - \alpha_1),$$

was, da $\sin(\alpha_3 - \alpha_1) = -\sin(\alpha_1 - \alpha_3)$ ist, auch geschrieben werden kann als

$$2\,J = r_1 r_2 \cdot \sin(\alpha_2 - \alpha_1) + r_2 r_3 \sin(\alpha_3 - \alpha_2) + r_3 r_1 \sin(\alpha_1 - \alpha_3).$$

Entwickelt man die Sinusfunktionen, so wird

$$\begin{aligned}
2\,J = {}& r_1 r_2 \sin\alpha_2 \cos\alpha_1 - r_1 r_2 \cos\alpha_2 \sin\alpha_1 \\
&+ r_2 r_3 \sin\alpha_3 \cos\alpha_2 - r_2 r_3 \cos\alpha_3 \sin\alpha_2 \\
&+ r_3 r_1 \sin\alpha_1 \cos\alpha_3 - r_3 r_1 \cos\alpha_1 \sin\alpha_3.
\end{aligned}$$

Nun ist

$$\begin{aligned}
x_1 &= r_1 \cos\alpha_1 & y_1 &= r_1 \sin\alpha_1 \\
x_2 &= r_2 \cos\alpha_2 & y_2 &= r_2 \sin\alpha_2 \\
x_3 &= r_3 \cos\alpha_3 & y_3 &= r_3 \sin\alpha_3.
\end{aligned}$$

Setzt man diese Werte in der Formel für $2\,J$ ein, so erhält man

$$2\,J = (x_1 y_2 - x_2 y_1) + (x_2 y_3 - x_3 y_2) + (x_3 y_1 - x_1 y_3)$$

oder $\quad 2\,J = x_1(y_2 - y_3) + x_2(y_3 - y_1) + x_3(y_1 - y_2).$

Der doppelte Flächeninhalt wird aus den Koordinaten der Ecken gefunden, indem man die Abszisse jeder Ecke mit der Differenz der Ordinaten der nachfolgenden und der vorangehenden Ecke multipliziert und die Produkte addiert.

Handelt es sich um ein beliebiges Vieleck, dann treten auf der rechten Seite entsprechend mehr Glieder hinzu.

Die Formel liefert nur dann einen positiven Inhalt, wenn der Umlaufungssinn des Vielecks positiv ist, d. h. wenn das Innere des Vielecks beim Durchlaufen des Umfangs von P_1 über P_2 nach P_3 immer zur Linken ist. Ist der Umlaufungssinn negativ, so wird auch das Resultat negativ.

1. Beispiel. Die zwei ersten Kolonnen des folgenden Schemas enthalten die Koordinaten der gegebenen Eckpunkte eines Fünfecks. Man berechne seine Fläche.

x_i	y_i	$y_{i+1} - y_{i-1}$		$x_i(y_{i+1}-y_{i-1})$	
5	1	$+\,11$		$+\,55$	
1	7	$+\,2$		$+\,2$	
-4	3		-12	$+\,48$	
-5	-5		$-\,7$	$+\,35$	
-1	-4	$+\,6$			-6
		$+\,19$	-19	$+\,140$	$-\,6 = 134 = 2\,J$

$$J = 67\ \text{cm}^2.$$

Die Zahlen der Kolonne $(y_{i+1} - y_{i-1})$ sind entstanden aus

$$7 - (-4) = 11; \quad 3 - 1 = 2; \quad -5 - 7 = -12 \quad \text{usw.}$$

Die Summe aller Differenzen $y_{i+1} - y_{i-1}$ muß Null sein. Darin besteht eine Probe für die Richtigkeit der Rechnung $(19 - 19 = 0)$.

2. Beispiel. Ein Dreieck hat die Ecken $(0; 0)$, $(1; 8)$, $(9; 2)$. Berechne seine Fläche. — Es ist $2J = x_1 y_2 - x_2 y_1 = 1 \cdot 2 - 9 \cdot 8 = -70$; somit

$$J = -35 \text{ cm}^2 .$$

Das Minuszeichen ist eine Folge des negativen Umlaufungssinnes. Nimmt man den Punkt $(9; 2)$ *vor* dem Punkte $(1; 8)$, so wird $J = +35 \text{ cm}^2$.

Übungen.

Aus den Koordinaten der Ecken sollen die Flächen berechnet werden

1. Für $x = 7 \qquad -10 \qquad -3$
   ist $y = 3 \qquad\quad 5 \qquad\quad -6$.
2. Für $x = 120 \quad 50,2 \quad 18,4$ m
   ist $y = 20,5 \quad 140,3 \quad 70,4$ m .
3. Für $x = 2,6 \quad 1,8 \quad -1,7 \quad -3,8 \quad -6 \quad -3,4 \quad -09 \quad 1,4$
   ist $y = 4,3 \quad 7,5 \quad\ 6,7 \quad\ 4,2 \quad -1,4 \quad -5,3 \quad -2,6 \quad 1,7$.
4. Für $x = -1 \qquad 3 \qquad 7$
   ist $y = -1 \quad -3 \quad -5$.
5. Leite die Flächenformel für das Dreieck $O P_1 P_2$, nämlich

$$J = 0,5 \,(x_1 \, y_2 - x_2 \, y_1)$$

unmittelbar aus der Figur ab.

III. Die gerade Linie.

§ 9. Die Hauptgleichung der Geraden.

$$\boldsymbol{y = m\, x + b.}$$

Es sei g eine beliebige Gerade und P ein beliebiger Punkt auf g mit den Koordinaten $(x; y)$. Dann ist (Abb. 8)

$$y = A B + B P$$
$$A B = x \cdot \operatorname{tg} \alpha$$
$$B P = b = \text{Abschnitt der Geraden auf}$$

der Y-Achse; somit

$$y = x \cdot \operatorname{tg} \alpha + b.$$

Setzen wir, wie früher (§ 5), $\operatorname{tg} a = m$, so ist

$$\boldsymbol{y = m\, x + b.}$$

Diese Gleichung nennen wir die *Hauptgleichung* der Geraden. Sind m, also α, und b gegeben, so können wir nach dieser Gleichung zu jedem beliebigen x den Abstand y des Punktes P von der X-Achse berechnen. m heißt die *Steigung* der Geraden. Vergrößert man die Abszisse x eines beliebigen Punktes P (Abb. 9) um die

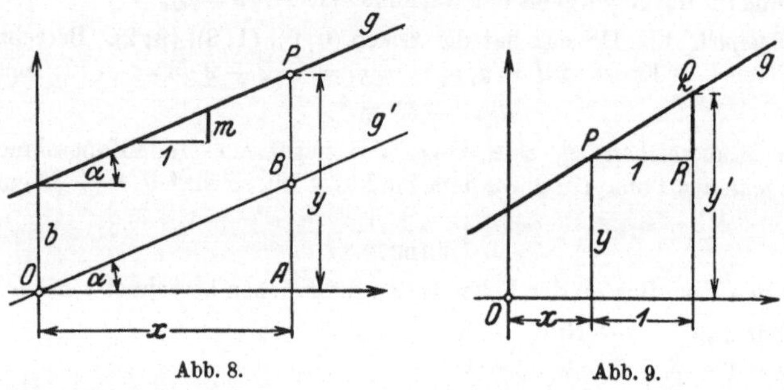

Abb. 8.   Abb. 9.

Einheit, so daß die Abszisse des Punktes Q gleich $x + 1$ ist, so findet man die Ordinate y' des Punktes Q aus

$$y' = m(x + 1) + b.$$

Für P ist
$$y = mx + b,$$
somit
$$RQ = y' - y = m.$$

Die Steigung der Geraden ist also die konstante Zunahme der Ordinaten bei einem Wachstum einer beliebigen Abszisse um die Längeneinheit. *Je größer m, desto steiler ist die Gerade.*

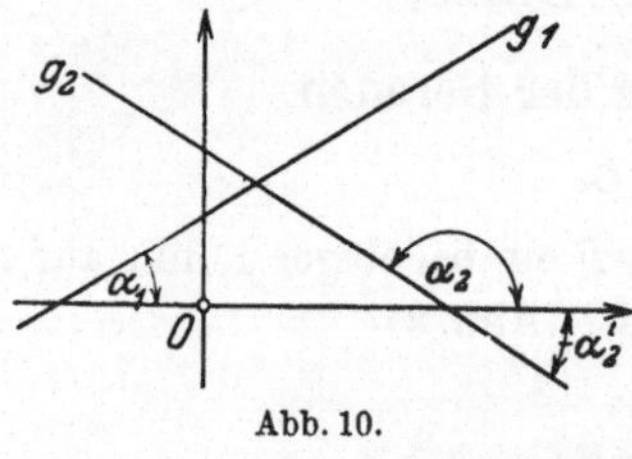

Abb. 10.

Wenn wir in Zukunft von steigenden und fallenden Geraden sprechen, so müssen wir zunächst festsetzen, was man damit meint. Eine Gerade (oder Kurve) heißt *steigend*, wenn bei wachsenden Abszissen auch die Ordinaten wachsen; dagegen *fallend*, wenn bei wachsenden Abszissen die Ordinaten abnehmen. In Abb. 10 ist g_1 eine steigende, g_2 eine fallende Gerade. Der Steigungswinkel α ist der Winkel, um den man die positive X-Achse im positiven Sinne drehen muß, bis sie mit der Geraden zusammenfällt. α ist demnach ein Winkel zwischen $0°$ und $180°$. Wir können den Winkel α auch positiv von $0°$ bis $90°$ und negativ von $0°$ bis $(-90°)$ rechnen. Damit haben wir die Möglichkeit, jede beliebige Gerade in der Ebene durch eine Gleichung darzustellen.

Eine Gerade $\left|\begin{array}{c} steigt \\ fällt \end{array}\right|$ *, wenn ihre Steigung m* $\left|\begin{array}{c} positiv \\ negativ \end{array}\right|$ *ist.*

Ist die Gleichung einer Geraden gegeben, so *zeichnet* man die Gerade auf folgende Weise:

a) Es sei $y = 0{,}5\,x + 4$. Wir berechnen aus der Gleichung die Ordinaten zweier Punkte mit möglichst großem Abszissenabstand. So wird für $x = 10$, $y = 5 + 4 = 9$. Für $x = -10$ wird $y = -5 + 4 = -1$. Durch die Punkte $(10; 9)$ $(-10; -1)$ ziehen wir die Gerade g. *Jeder* Punkt auf g hat zwei Koordinaten, die durch die Gleichung $y = 0{,}5\,x + 4$ miteinander verknüpft sind.

b) Oder: Ist wiederum $y = 0{,}5\,x + 4$ gegeben, dann ist der Achsenabschnitt auf der Y-Achse 4 cm. Die Steigung ist 0,5. Deshalb gehen wir von diesem Schnittpunkt auf der Y-Achse 10 cm horizontal nach rechts und von dort 5 cm aufwärts; damit erhalten wir einen zweiten Punkt P der Geraden; denn jetzt ist tg $\alpha = 5 : 10 = 0{,}5$.

Geht eine Gerade durch den Nullpunkt (g', Abb. 8), *so ist ihre Gleichung*, weil $b = 0$, *von der Form*

$$\boldsymbol{y = m\,x.}$$

Die folgenden ausgeführten Beispiele sind *grundlegende Aufgaben* über die gerade Linie. Sie sollen sorgfältig überlegt und auf Millimeterpapier aufgezeichnet werden.

§ 10. Beispiele.

1. Beispiel. Eine Gerade geht durch O und den Punkt $P\,(8; 12)$. Wie heißt ihre Gleichung?

Die Gleichung muß die Form haben $y = m\,x$. Da der Punkt P auf der Geraden liegt, müssen seine Koordinaten dieser Gleichung genügen; es muß also sein $12 = 8 \cdot m$; daraus folgt $m = 1{,}5$. Die Gleichung der Geraden heißt somit

$$y = 1{,}5\,x.$$

(Dezimalbrüche werden nur dann verwertet, wenn der Dezimalbruch einfach ist. Man bevorzugt gewöhnliche Brüche.)

Der Steigungswinkel α folgt aus tg $\alpha = 1{,}5$. Es ist $\alpha = 56°\,19'$.

2. Beispiel. Eine Gerade fällt unter 30°, d. h. der Steigungswinkel ist $(-30°)$ oder auch $(+150°)$ und schneidet die Y-Achse im Punkte $(0; 8)$. Wie heißt die Gleichung?

Es ist

$$y = -\,\text{tg}\,30° \cdot x + 8 = -\,\tfrac{1}{3}\,\sqrt{3} \cdot x + 8\,.$$

3. Beispiel. Es folgen die Gleichungen einiger *besonderer Geraden.*

Eine Gerade im Abstande b parallel zur X-Achse hat die Gleichung

$$y = b\,.$$

Eine Gerade im Abstande a parallel zur Y-Achse hat die Gleichung

$$x = a \,.$$

Eine Gerade durch O, die unter 45° steigt, hat die Gleichung

$$y = x \,.$$

Eine Gerade durch O, die unter 45° fällt, hat die Gleichung

$$y = -x \,.$$

4. Beispiel. Wann sind zwei gerade Linien *parallel*?
Die Geraden mit den Gleichungen

$$y = m_1\, x + b_1 \quad \text{und} \quad y = m_2\, x + b_2$$

sind parallel, wenn die Steigungen m_1 und m_2 einander gleich sind.

$$\mathbf{m_1 = m_2 \,.}$$

5. Beispiel. Wann stehen zwei gerade Linien *aufeinander senkrecht*? (Abb. 11).

Es ist $\quad \alpha_2 = 90 + \alpha_1 \,,$

somit $\quad \operatorname{tg} \alpha_2 = \operatorname{tg}(90 + \alpha_1) = -\operatorname{ctg} \alpha_1 = -\dfrac{1}{\operatorname{tg} \alpha_1} \,;$

somit $\quad m_2 = -\dfrac{1}{m_1} \quad$ oder $\quad m_1 = -\dfrac{1}{m_2}$

$$\text{oder} \quad \mathbf{m_1\, m_2 = -1 \,.}$$

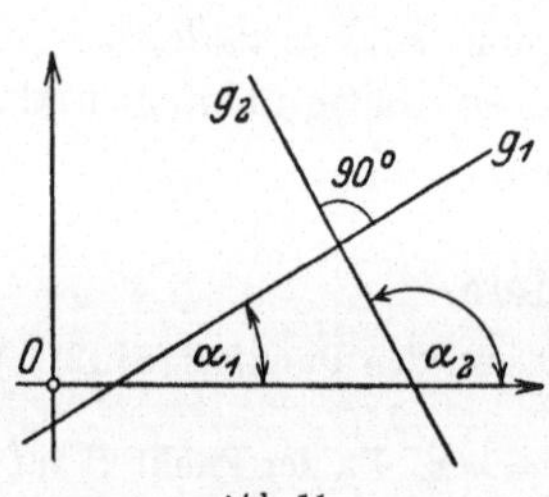

Abb. 11.

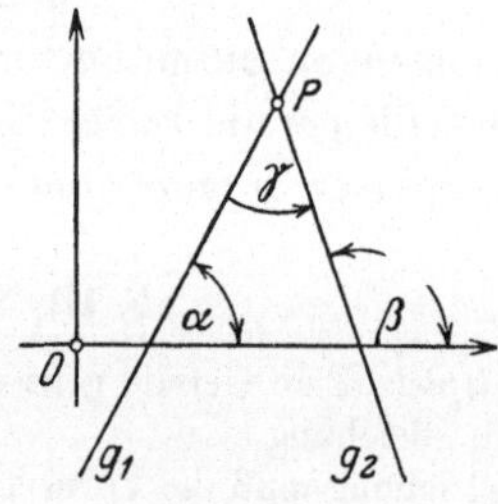

Abb. 12.

Zwei Gerade stehen somit aufeinander senkrecht, wenn das Produkt ihrer Steigungen (-1) ist; die Steigung der einen Geraden ist der negative reziproke Wert der Steigung der andern.

6. Beispiel. Bestimme den *Winkel* zwischen den beiden Geraden $y = m_1\, x + b_1$ und $y = m_2\, x + b_2$. Nach Abb. 12 ist

$$\gamma = \beta - \alpha \,,$$

also

$$\operatorname{tg} \gamma = \operatorname{tg}(\beta - \alpha) = \frac{\operatorname{tg} \beta - \operatorname{tg} \alpha}{1 + \operatorname{tg} \beta \cdot \operatorname{tg} \alpha} \,.$$

Nun ist $\operatorname{tg} \alpha = m_1$; $\operatorname{tg} \beta = m_2$, somit

$$\mathbf{\operatorname{tg} \gamma = \frac{m_2 - m_1}{1 + m_1 \cdot m_2} \,.}$$

Hieraus wird der Winkel γ berechnet, um den man g_1 um den gemeinsamen Schnittpunkt P im *positiven* Sinne drehen muß, bis g_1 auf g_2 fällt.

Ist $m_1 = m_2$, so ist $\operatorname{tg}\gamma = 0$; die Geraden sind parallel (Beispiel 4).

Ist $1 + m_1 m_2 = 0$, so ist $\operatorname{tg}\gamma = \infty$; die Geraden stehen aufeinander senkrecht (Beispiel 5).

7. Beispiel. Wie heißt die Gleichung einer Geraden mit der Steigung m, die durch den Punkt $(x_1; y_1)$ geht?

Die Gleichung hat die Form $y = mx + b$; m ist bekannt. b ist unbekannt. Da aber $(x_1; y_1)$ auf der Geraden liegt, ist

$$y_1 = m x_1 + b,$$

somit
$$b = y_1 - m x_1.$$

Somit heißt die Gleichung der Geraden

$$y = m x + y_1 - m x_1.$$

Hiefür schreibt man gewöhnlich

$$\boldsymbol{y - y_1 = m\,(x - x_1)}.$$

8. Beispiel. Wie heißt die Gleichung einer Geraden, die *durch die zwei Punkte* $P_1(5; -3)$; $P_2(-7; 6)$ geht?

Die Gleichung hat jedenfalls die Form $y = mx + b$. Hierin sind m und b unbekannt.

Weil aber P_1 auf g liegt, ist $-3 = 5\,m + b$.

Weil P_2 auf g liegt, ist $\qquad 6 = -7\,m + b$.

Aus diesen zwei Gleichungen findet man $m = -3/4$; $b = 3/4$; somit heißt die Gleichung der Geraden

$$y = -\frac{3}{4}\,x + \frac{3}{4}.$$

9. Beispiel. Welches sind die Koordinaten des *Schnittpunktes* der beiden Geraden $y = -x + 7$ und $y = 2x - 8$?

Die Koordinaten $(x; y)$ des Schnittpunktes sind die *einzigen* Werte, die beide Gleichungen erfüllen; wir haben also in den gegebenen Gleichungen zwei Bestimmungsgleichungen mit den zwei Unbekannten x und y. Die Gleichsetzung der Ordinaten liefert $-x + 7 = 2x - 8$. Hieraus folgt $x_0 = 5$; $y_0 = 2$ als Koordinaten des Schnittpunktes.

Übungen.

1. Zeichne auf dem gleichen Blatt Millimeterpapier die Geraden mit den Gleichungen

$$\begin{array}{llll}
y = 0{,}3\,x & y = 0{,}7\,x & y = x & y = 1{,}5\,x \\
y = -0{,}3\,x & y = -0{,}7\,x & y = -x & y = -1{,}5\,x.
\end{array}$$

2. Zeichne auf dem gleichen Blatt

$$\begin{array}{lll}
y = 0{,}5\,x + 5 & y = 0{,}3\,x - 4 & y = x + 1 \\
y = 0{,}5\,x + 8 & y = -0{,}3\,x + 4 & y = -x + 8.
\end{array}$$

3. Eine Gerade geht durch $(2; 3)$ und ist zur Geraden $y = -0{,}9\,x + 12$ parallel. Wie heißt ihre Gleichung?

4. Wie lautet die Gleichung der Geraden, a) die durch (5; 2) geht und zur Geraden $y = -0,5\,x + 4$ senkrecht steht? b) (4; 5) senkrecht zu $y = 2\,x - 4$?

5. Wie heißt die Gleichung der Geraden durch die Punkte: a) $A\,(3; -6)$ $B\,(9; 6)$; b) $A\,(4; -3)$ $B\,(8; 3)$; c) $A\,(-1; 9)$ $B\,(10; 2)$.

6. Beweise: Die Gleichung einer Geraden durch die beiden Punkte $P_1\,(x_1; y_1)$ $P_2\,(x_2; y_2)$ kann auf die Form gebracht werden

$$y - y_1 = \frac{y_2 - y_1}{x_2 - x_1}(x - x_1)\,.$$

7. Ein Dreieck hat die Ecken $A\,(-6; 7)$ $B\,(7; -6)$ $C\,(3; 4)$. Wie lauten die Gleichungen seiner Seiten?

8. Bestimme die Koordinaten des Schnittpunktes der beiden Geraden $y = 0,5\,x - 2,5$ und $y = -2\,x - 5$.

9. Eine Gerade geht durch $A\,(3; 7)$ $B\,(7; 3)$; eine zweite Gerade durch die Punkte $C\,(-2; 2)$ $D\,(6; 6)$. Welches sind die Koordinaten des Schnittpunktes?

10. Geht die Gerade $y = -\tfrac{2}{3}x - 16$ durch den Schnittpunkt der Geraden $y = -3\,x + 5$ und $y = -2\,x - 4$?

11. Durch $P\,(5; 8)$ wird ein Lot auf die Gerade $y = -0,5\,x + 7$ gezogen. Der Fußpunkt des Lotes ist A. Wie lang ist die Strecke PA?

12. Eine Gerade geht durch (0; 6) und hat die Steigung 1 : 4. Eine zweite Gerade geht durch (10; 0) und fällt unter 45°. Koordinaten des Schnittpunktes? Spitzer Winkel zwischen den Geraden?

13. Eine Gerade geht durch (0; 8) und hat die Steigung $-0,1$; eine zweite Gerade geht durch (4; 0) und hat die Steigung 1 : 3. Wo ist der Schnittpunkt? Wie groß ist der spitze Winkel zwischen den Geraden?

14. Bestimme den spitzen Winkel zwischen den Geraden

a) $y = 0,4\,x + 7$ und $y = -0,9\,x + 4,2$,

b) $y = -0,9\,x + 4,2$ und $y = 2,5\,x + 13$.

15. Ein Dreieck hat die Ecken $A\,(-6; 2)$ $B\,(10; 6)$ $C\,(3; -3)$. Bestimme seine Winkel.

16. Die Seiten eines Dreiecks haben die Steigungen m, 1 : m und 1. Zeige, daß das Dreieck gleichschenklig ist.

17. OP_1 und OP_2 sind zwei aufeinander senkrecht stehende Gerade. Zeige, daß $x_1 x_2 + y_1 y_2 = 0$ ist.

18. Die Steigung einer Geraden g ist 0,5. Bestimme die Steigung einer Geraden g_1, wenn der Winkel zwischen g und g_1 45° ist (g wird im positiven Sinn um den Schnittpunkt nach g_1 gedreht).

19. Welches sind die Steigungen der beiden Geraden g_1 und g_2, die mit einer Geraden $y = m\,x + b$ den Winkel β einschließen?

§ 11. Andere Gleichungsformen der Geraden.

1. Von einer Geraden kennt man die *Abschnitte a und b* auf den Koordinatenachsen (Abb. 13); dann ist die Steigung $-b/a = m$

und die Gleichung der Geraden lautet $y = -\dfrac{b}{a}\,x + b$. Dividiert man durch b und ordnet, so erhält man die übliche Form

$$\frac{x}{a} + \frac{y}{b} = 1.$$

Für jeden beliebigen Punkt $(x; y)$ der Geraden ist somit die Summe der Verhältnisse $x : a$ und $y : b$ gleich Eins.

2. *Normalform.* Eine Gerade ist auch bestimmt, wenn man ihren Abstand δ vom Nullpunkt und den Winkel α, den dieses

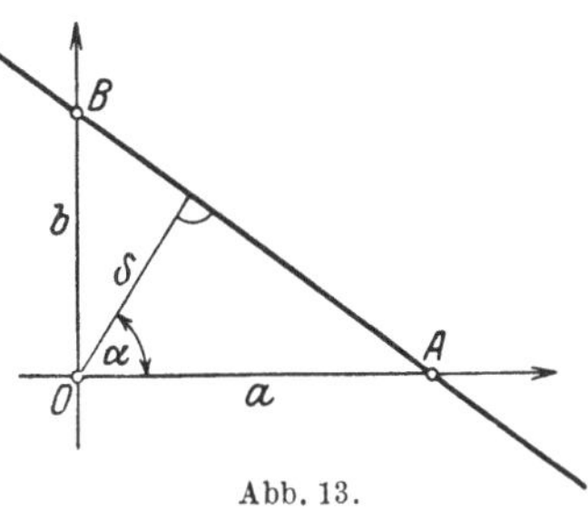

Abb. 13.

Lot δ mit der X-Achse einschließt, kennt. Aus der Abb. 13 folgt $a = \delta : \cos\alpha; \ b = \delta : \sin\alpha$. Setzt man diese Werte in der oberen Gleichung ein, so erhält man

$$\frac{x \cdot \cos\alpha}{\delta} + \frac{y \cdot \sin\alpha}{\delta} = 1$$

oder

$$x\,\cos\alpha + y \cdot \sin\alpha - \delta = 0.$$

Diese Gleichungsform der Geraden heißt die Normalform. δ wird dabei immer positiv gerechnet.

3. *Allgemeine Gleichung.* Jede Gleichung von der Form

$$Ax + By + C = 0$$

ist die Gleichung einer Geraden (A, B, C sind beliebige, reelle konstante Zahlen); denn, ist B nicht gleich Null, so kann die Gleichung geschrieben werden

$$y = -\frac{A}{B}\,x - \frac{C}{B}\,.$$

Dies stellt eine Gerade dar mit der Steigung $-A : B$ und dem Achsenabschnitt $b = -C : B$. Ist $B = 0$ oder $Ax + C = 0$, so ist
$$x = -C : A\,.$$

Dies ist die Gleichung einer Geraden parallel zur Y-Achse, die durch den Punkt $\left(-\dfrac{C}{A}; \ 0\right)$ geht.

Wir nennen die Form $Ax + By + C = 0$ die „allgemeine Gleichung" einer Geraden. *Jede Gleichung vom ersten Grade in den Koordinaten x und y ist die Gleichung einer geraden Linie.*

2*

§ 12. Beispiele.

1. Beispiel. Eine Gerade hat die Gleichung $3x - 8y - 24 = 0$. Wie lang sind die Achsenabschnitte a und b?

Für den Punkt A (Abb. 13) ist $y = 0$, somit $3x - 24 = 0$, also $x = a = 8$. Für den Punkt B ist $x = 0$; somit $-8y - 24 = 0$; also $y = b = -3$.

2. Beispiel. Bestimme den Winkel zwischen den Geraden $2x - 4y + 3 = 0$ und $4x - 3y - 6 = 0$.

Wir lösen jede Gleichung nach y auf

$$y = \frac{1}{2}x + \frac{3}{4} \quad \text{und} \quad y = \frac{4}{3}x - 2.$$

Die Koeffizienten von x sind die Steigungen. $m_1 = \frac{1}{2}$; $m_2 = \frac{4}{3}$; also ist nach (§ 10 Beispiel 6).

$$\operatorname{tg}\gamma = 0,5; \quad \text{somit } \gamma = 26°34'.$$

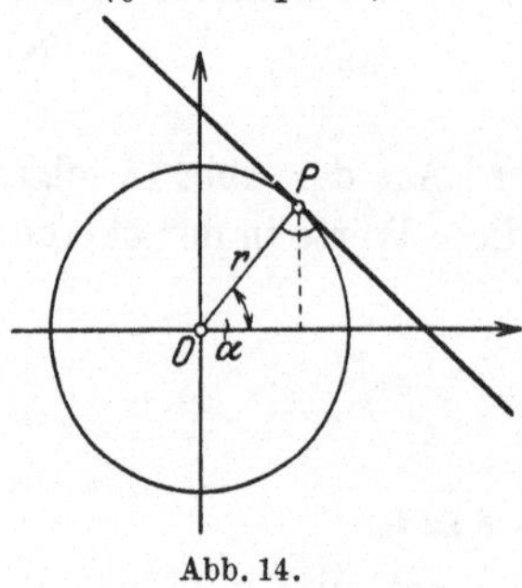
Abb. 14.

3. Beispiel. Ein Kreis um O habe den Radius r. Der Berührungsradius OP (Abbildung 14) schließe mit der X-Achse den Winkel α ein. Wie heißt die *Gleichung der Tangente* im Punkte $P(x_1; y_1)$?

Wir benutzen die Normalform (§ 11,2). $\delta = r$.

$$x \cdot \cos\alpha + y \cdot \sin\alpha - r = 0.$$

Nun ist $\cos\alpha = x_1 : r$; $\sin\alpha = y_1 : r$. Demnach ist

$$\frac{x x_1}{r} + \frac{y y_1}{r} - r = 0 \quad \text{oder} \quad xx_1 + yy_1 = r^2.$$

Dies ist die Gleichung der Tangente.

4. Beispiel. Die Gleichung $(y - m_1 x)(y - m_2 x) = 0$ ist die Gleichung von *zwei* Geraden durch den Nullpunkt; denn das Produkt links wird Null, wenn entweder der 1. oder der 2. Faktor Null wird. Das ist aber der Fall, wenn x, y die Koordinaten eines Punktes auf $y - m_1 x = 0$ oder auf $y - m_2 x = 0$ bedeuten.

Multipliziert man aus, so erhält man eine Gleichung von der Form

$$A x^2 + B xy + C y^2 = 0, \tag{1}$$

eine „homogene Gleichung zweiten Grades in den Veränderlichen x, y". Löst man sie nach y auf, so findet man

$$y = \frac{x}{2C}\left(-B \pm \sqrt{B^2 - 4AC}\right) = [mx].$$

Demnach entspricht der homogenen Gleichung (1) ein *Geradenpaar* durch O. Es ist reell, zusammenfallend oder imaginär, je nachdem $B^2 - 4AC > 0$ oder gleich Null, oder < 0 ist.

Der Winkel zwischen den Geraden folgt aus

$$\operatorname{tg}\gamma = \frac{\sqrt{B^2 - 4AC}}{A + C}.$$

Ist $B^2 - 4\,AC = 0$, dann ist $\gamma = 0°$; die Geraden sind identisch. Ist $A + C = 0$, dann ist $\gamma = 90°$; die Geraden stehen aufeinander senkrecht.

Der Gleichung $xy = 0$ entsprechen $x = 0$ und $y = 0$.

,,   ,, $4\,y^2 - 3\,xy = 0$ entsprechen $y = 0$ und $4\,y - 3\,x = 0$.

,,   ,, $3\,x^2 + 8\,xy - 3\,y^2 = 0$ entsprechen zwei aufeinander senkrechte Gerade.

,,   ., $9\,x^2 - 12\,xy + 4\,y^2 = 0$ entspricht die doppelte Gerade $3\,x - 2\,y = 0$.

,,   ,, $5\,x^2 + 6\,xy + 5\,y^2 = 0$ entsprechen keine reellen Geraden.

$5\,x^2 - 3\,xy - 2\,y^2 = 0$ stellt ein Geradenpaar dar mit $\gamma = 66°48'$.

§ 13. Überführung der allgemeinen Gleichung in die Normalform.

Hat eine Gerade die Gleichung $4x + 3y + 20 = 0$, so entspricht ihr eine Normalform $x \cos\alpha + y \sin\alpha - \delta = 0$. Man darf nun nicht ohne weiteres durch Vergleichung der beiden Gleichungen schließen: also ist $\cos\alpha = 4$, $\sin\alpha = 3$ und $-\delta = 20$. Das wäre falsch, abgesehen davon, daß Kosinus und Sinus nie größer als 1 sein können.

Damit die Vergleichung richtige Resultate liefert, müssen wir die erste Gleichung umformen. Wir multiplizieren sie mit einem, noch näher zu bestimmenden Faktor k, der von Null verschieden ist. Durch diese Multiplikation mit k wird das geometrische Bild nicht verändert; denn sowohl $4x + 3y + 20 = 0$ als auch $4\,kx + 3\,ky + 20\,k = 0$ stellt die nämliche Gerade dar; denn die Steigung ergibt sich aus beiden Gleichungen zu $m = -4 : 3$ und der Achsenabschnitt b ist $-20 : 3$.

Wir denken uns nun k so gewählt, daß die Gleichungen

$$4\,kx + 3\,ky + 20\,k \;= 0$$
$$\text{und } x \cos\alpha + y \sin\alpha - \delta \;= 0$$

unmittelbar miteinander verglichen werden können. Es muß also sein

$$4\,k = \cos\alpha \quad \text{und} \quad 20 \cdot k = -\delta,$$
$$3\,k = \sin\alpha.$$

Durch Quadrieren und Addieren der beiden ersten Gleichungen folgt

$$25\,k^2 = \cos^2\alpha + \sin^2\alpha = 1.$$

Demnach ist

$$k = \pm \sqrt{\frac{1}{25}} = \pm \frac{1}{5}.$$

Von den beiden Vorzeichen kommt nur eines in Betracht; da $20\,k$ eine negative Zahl sein muß, nämlich $(-\delta)$, so ist das negative Vorzeichen das richtige. Demnach ist also

$$\cos \alpha = -0{,}8; \ \sin \alpha = -0{,}6 \quad \text{und} \quad \delta = 4$$

und die Normalform lautet

$$-0{,}8\,x - 0{,}6\,y - 4 = 0.$$

Diese Gleichung ist aus $4\,x + 3\,y + 20 = 0$ durch Multiplikation mit dem Faktor $k = -0{,}2$ entstanden.

Wir lösen nun die Aufgabe allgemein. $A\,x + B\,y + C = 0$ soll in die Normalform $x \cos \alpha + y \sin \alpha - \delta = 0$ übergeführt werden. Wir setzen

$$kA = \cos \alpha \quad \text{und} \quad kB = \sin \alpha.$$

Daher ist

$$k^2 (A^2 + B^2) = 1 \quad \text{oder} \quad k = \frac{1}{\pm \sqrt{A^2 + B^2}}.$$

Da kC stets eine negative Zahl, nämlich $(-\delta)$, sein muß, so ist der *Quadratwurzel immer das entgegengesetzte Vorzeichen von C zu geben.* Das Ergebnis ist also kurz:

$$A\,x + B\,y + C = 0 \quad \text{hat die Normalform} \quad \frac{A\,x + B\,y + C}{\sqrt{A^2 + B^2}} = 0.$$

Das Vorzeichen der Quadratwurzel ist dem Vorzeichen von C entgegengesetzt.

Im besonderen ist

$$\cos \alpha = \frac{A}{\sqrt{A^2 + B^2}}; \ \sin \alpha = \frac{B}{\sqrt{A^2 + B^2}}; \ \frac{C}{\sqrt{A^2 + B^2}} = -\delta.$$

1. Beispiel. Die Gleichung $5\,x - 12\,y + 100 = 0$ ist in die Normalform überzuführen.

Es ist $\sqrt{A^2 + B^2} = \sqrt{25 + 144} = \sqrt{169} = 13$. Das negative Vorzeichen der Wurzel ist zu wählen, weil 100 positiv ist. Die Normalform lautet

$$\frac{5\,x - 12\,y + 100}{-13} = 0.$$

Der Abstand δ des Nullpunktes von der Geraden ist $\delta = 100 : 13 = 7{,}7\,\mathrm{cm}$. δ schließt mit der X-Achse einen Winkel ein, der aus $\cos \alpha = -5 : 13$ und $\sin \alpha = 12 : 13$ bestimmt werden könnte. α liegt zwischen $90°$ und $180°$.

2. Beispiel. Die Gleichung $y = mx + b$ ist in die Normalform überzuführen.

Es ist $mx - y + b = 0$,

$$\frac{mx - y + b}{\sqrt{1 + m^2}} = 0$$

ist die Normalform. (Vorzeichen der Wurzel entgegengesetzt dem Vorzeichen von b.)

3. Beispiel. Wie lautet die Normalform zu $\dfrac{x}{a} + \dfrac{y}{b} = 1$?

Es ist $\qquad\qquad bx + ay - ab = 0,$

demnach $\qquad\dfrac{bx + ay - ab}{\sqrt{a^2 + b^2}} = 0$ (Normalform).

§ 14. Abstand eines Punktes von einer Geraden.

Man kennt die Koordinaten $(x_1; y_1)$ eines Punktes P und die Gleichung einer Geraden. Wie weit ist der Punkt von der Geraden entfernt? — Wir unterscheiden zunächst zwei Fälle.

1. Der Nullpunkt und P liegen auf der *gleichen* Seite der Geraden (Abb. 15). Es sei $d = PC$ der gesuchte Abstand. Wir projizieren den Linienzug $OAPC$ auf δ und erhalten

$$OA \cdot \cos\alpha + AP \cdot \sin\alpha + d = \delta,$$

oder $\qquad d = -(x_1 \cdot \cos\alpha + y_1 \cdot \sin\alpha - \delta).$ $\qquad\qquad$ (1)

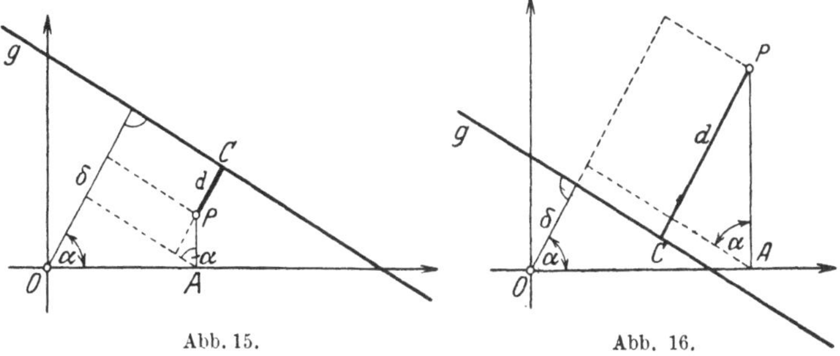

Abb. 15. $\qquad\qquad\qquad\qquad$ Abb. 16.

2. Der Nullpunkt und P liegen auf *verschiedenen* Seiten der Geraden (Abb. 16). Wir projizieren wieder den Linienzug $OAPC$ auf die Gerade, welche δ enthält; dann ist

$$OA \cdot \cos\alpha + AP \cdot \sin\alpha = d + \delta,$$

oder $\qquad d = (x_1 \cos\alpha + y_1 \cdot \sin\alpha - \delta).$ $\qquad\qquad$ (2)

In dem Klammerausdruck der Formeln (1) und (2) erkennen wir die Normalform der Gleichung der Graden g; aber an die Stelle der laufenden Koordinaten x und y eines Punktes auf g sind die bestimmten Koordinaten des Punktes P getreten. In beiden Fällen ist d eine positive Größe. Von diesen beiden Formeln wählen wir aber nur die erste, nämlich

$$d = - (x_1 \cdot \cos \alpha + y_1 \cdot \sin \alpha - \delta) \qquad (3)$$

und wenden sie an auf Punkte diesseits oder jenseits der Geraden. Ist der Punkt $P\,(x_1;\,y_1)$ auf der gleichen Seite wie der Nullpunkt, so liefert uns (3) den Abstand d; ist er.aber, vom Nullpunkt aus gesehen, jenseits der Geraden, so liefert uns (3) *auch* den Abstand des Punktes P von g, aber mit dem negativen Vorzeichen behaftet. Wir haben also in dem Vorzeichen von d ein Erkennungsmittel über die Lage des Punktes gegenüber g, *ohne* daß wir die Gerade und den Punkt zeichnen müssen.

Soll also der Abstand eines Punktes $P\,(x_1;\,y_1)$ von einer Geraden, deren Gleichung bekannt ist, berechnet werden, so bringt man

a) die Gleichung zuerst auf die Normalform;

b) man ersetzt x und y durch die Koordinaten des Punktes P, und

c) man gibt dem so erhaltenen Ausdruck das negative Vorzeichen.

Ist z. B. die Gleichung der Geraden in der Form

$$A\,x + B\,y + C = 0$$

gegeben, so ist der Abstand des Punktes $P\,(x_1;\,y_1)$ von der Geraden gegeben durch

$$d = - \frac{A\,x_1 + B\,y_1 + C}{\sqrt{A^2 + B^2}}\,,$$

worin die Quadratwurzel das entgegengesetzte Vorzeichen von C besitzt. Ist d positiv, so liegen P und O auf der gleichen Seite, ist d negativ, so sind P und O auf verschiedenen Seiten der Geraden g. Ist $d = 0$, so liegt P auf g. Setzt man also in die Gleichung einer Geraden für $(x;\,y)$ *irgendwelche* Werte ein, so ist für alle Punkte auf der einen Seite der Geraden der Ausdruck vom *gleichen* Vorzeichen.

1. Beispiel. Bestimme den Abstand des Punktes $P\,(5;\,8)$ von der Geraden $y = -\,0,5\,x + 7$.

Es ist $\qquad\qquad 0{,}5\,x + y - 7 = 0$
oder $\qquad\qquad\qquad x + 2\,y - 14 = 0;$

somit $\qquad d = -\dfrac{5 + 2\cdot 8 - 14}{\sqrt{5}} = -\dfrac{7}{5}\sqrt{5} = -3{,}13$ cm.

2. Beispiel. Bestimme den Abstand des Punktes $(-6; 8)$ von der Geraden, die O mit $(10; 7)$ verbindet.

Die Gleichung der Geraden heißt $y = 0{,}7\,x$ oder $7\,x - 10\,y = 0$; somit ist

$$d = -\frac{7\cdot(-6) - 10\cdot 8}{\sqrt{149}} = 10\ \text{cm}.$$

Übungen.

1. Bestimme den Abstand des Nullpunktes von der Geraden

$$2\,x + 3\,y - 7 = 0.$$

2. Der Abstand des Punktes $P\,(4; 3)$ von $y = -0{,}9\,x + 4{,}2$ ist $-1{,}786$.
Der Abstand des Punktes $P\,(4; 3)$ von $y = 0{,}4\,x + 7$ ist $5{,}21$.

3. Der Abstand des Punktes $P\,(5; 2)$ von der Geraden durch $A\,(-5; 2)$ $B\,(3; 10)$ ist zu bestimmen.

4. Berechne die Höhen des Dreiecks mit den Ecken $A\,(-5; 2)$ $B\,(5; 8)$ $C\,(7; -7)$.

5. Bestimme den Abstand der Parallelen $y = 0{,}5\,x + 8$ und $y = 0{,}5\,x - 4$.

6. Der Nullpunkt hat von der Geraden mit den Achsenabschnitten a und b den Abstand $h = a\,b : \sqrt{a^2 + b^2}$.

7. Durch den Punkt $P(-1; -3)$ soll eine Parallele und ein Lot zu $4\,x - 8\,y - 5 = 0$ gezogen werden.

8. Der spitze Winkel zwischen den Geraden $4\,x - 2\,y + 7 = 0$ und $12\,x + 4\,y - 5 = 0$ beträgt $45°$.

9. Die Gleichung einer Geraden durch x_0, y_0 senkrecht zur Geraden $A\,x + B\,y + C = 0$ ist gegeben durch

$$B\,x - A\,y = B\,x_0 - A\,y_0.$$

10. Die Geraden $A_1 x + B_1 y + C_1 = 0$ und $A_2 x + B_2 y + C_2 = 0$ sind parallel, wenn $A_1 : A_2 = B_1 : B_2$ ist.

11. Stehen die Geraden in 10. aufeinander senkrecht, dann ist $A_1 \cdot A_2 + B_1 \cdot B_2 = 0$.

§ 15. Die Gleichungen der Winkelhalbierenden.

Es seien N_1 und N_2 kurze Bezeichnungen für die linken Seiten der *Normal*gleichungen zweier Geraden g_1 und g_2.

$P(x; y)$ sei irgend ein Punkt der Halbierungslinie w_1 jenes Winkelraums, in dem O liegt (Abb. 17). Setzt man nach § 14 in die Normalgleichung einer Geraden die Koordinaten eines Punktes $P(x; y)$ der Winkelhalbierenden ein, so ist der so erhaltene Ausdruck der Abstand des Punktes von der Geraden.

Da $d_1 = d_2$ ist, so ist $N_1 - N_2 = 0$ die Gleichung von w_1. Für einen Punkt der Halbierungslinie w_2 haben d_1 und d_2 verschiedene Vorzeichen, sind aber dem absoluten Werte nach gleich; somit ist

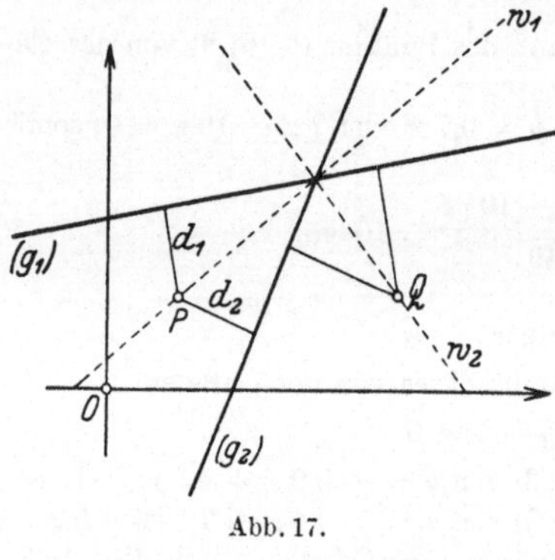

Abb. 17.

$d_1 + d_2 = 0$ oder $N_1 + N_2 = 0$.

Sind demnach N_1 und N_2 kurze Bezeichnungen für die linken Seiten der Normalgleichungen zweier Geraden, so ist $N_1 - N_2 = 0$ die Gleichung der Halbierungslinie des Winkels, in welchem der Ursprung liegt; $N_1 + N_2 = 0$ die Gleichung der Halbierungslinie des Winkels, in dem der Ursprung nicht liegt.

1. Beispiel. Wie heißen die Gleichungen der beiden Winkelhalbierenden, wenn die Geraden durch die Gleichungen $2x + 9y - 14 = 0$ und $6x + 7y + 20 = 0$ gegeben sind?

$$N_1 = \frac{2x + 9y - 14}{\sqrt{85}}$$

$$N_2 = \frac{6x + 7y + 20}{-\sqrt{85}}.$$

w_1 hat die Gleichung

$$\frac{2x + 9y - 14}{\sqrt{85}} - \frac{6x + 7y + 20}{-\sqrt{85}} = 0$$

oder $\qquad\qquad 4x + 8y + 3 = 0.$

w_2 hat die Gleichung

$$\frac{2x + 9y - 14}{\sqrt{85}} + \frac{6x + 7y + 20}{-\sqrt{85}} = 0$$

oder $\qquad\qquad 2x - y + 17 = 0.$

2. Beispiel. Die Halbierungslinie des spitzen Winkels zwischen den Geraden OP und OQ, wo $P\,(3;11)$ und $Q\,(7;9)$ gegeben sind, hat die Gleichung $y = 2x$.

§ 16. Strahlenbüschel.

Wir bezeichnen die linken Seiten der Gleichungen

$$A_1 x + B_1 y + C_1 = 0 \quad \text{und} \quad A_2 x + B_2 y + C_2 = 0$$

kurz mit G_1 und G_2. $G_1 = 0$ und $G_2 = 0$ sind dann kurze Bezeichnungen für die Gleichungen zweier Geraden. Wir behaupten nun: Ist n eine beliebige reelle Zahl, so ist

$$G_1 + n \cdot G_2 = 0$$

wiederum die Gleichung einer Geraden, und zwar einer Geraden durch den Schnittpunkt der beiden Geraden $G_1 = 0$ und $G_2 = 0$.

Denn, schreibt man für G_1 und G_2 ihre ursprünglichen Werte in x und y, so ist $G_1 + n \cdot G_2$ wieder ein Ausdruck der x und y nur im ersten Grade enthält; somit ist $G_1 + n \cdot G_2 = 0$ die Gleichung einer geraden Linie [§ 11 (3)].

Sodann wird für die Koordinaten des Schnittpunktes sowohl G_1 als auch G_2 einzeln gleich Null, weil der Schnittpunkt auf jeder dieser Geraden liegt. Daher ist für diesen Punkt auch $G_1 + n \cdot G_2 = 0$.

Von sämtlichen Geraden in einer Ebene durch den gleichen Punkt sagt man, sie bilden ein Strahlenbüschel. Zu jedem Werte n gehört eine Gerade dieses Büschels.

1. Beispiel. Wie heißt die Gleichung der Geraden, welche den Schnittpunkt der Geraden $3x - 4y + 4 = 0$ und $4x + 3y - 8 = 0$ mit dem Nullpunkt verbindet?

Die Gleichung der gesuchten Geraden hat die Form

$$3x - 4y + 4 + n(4x + 3y - 8) = 0.$$

Da die Gerade durch O gehen muß, ist

$$4 + n \cdot (-8) = 0, \text{ also } n = 0{,}5.$$

Somit ist

$$3x - 4y + 4 + 0{,}5(4x + 3y - 8) = 0$$

oder

$$5x - 2{,}5y = 0 \quad \text{oder} \quad y = 2x$$

die Gleichung der gesuchten Geraden. Wir können demnach die Gleichung finden, ohne die Koordinaten des Schnittpunktes zu bestimmen.

2. Beispiel. Wie heißt die Gleichung der Geraden, welche den Schnittpunkt der Geraden $y = 2x - 7$ und $y = -3x + 1$ mit dem Punkte $(4; 5)$ verbindet?

$$2x - y - 7 + n(-3x - y + 1) = 0$$
$$8 - 5 - 7 + n(-12 - 5 + 1) = 0$$

weil $(4; 5)$ auf g liegt. Also

$$n = -\frac{1}{4},$$

somit $\qquad 2x - y - 7 - \dfrac{1}{4}(-3x - y + 1) = 0$

oder $\qquad 11x - 3y - 29 = 0.$

Selbstverständlich könnte man beide Beispiele auch lösen, indem man zuerst die Koordinaten des Schnittpunktes bestimmt und dann die Gleichung der Geraden durch zwei gegebene Punkte [siehe § 10 (8)] ermittelt.

Übungen.

1. Bestimme die Gleichungen der Winkelhalbierenden zu

a) $7x - y + 12 = 0$ und $5x + 5y - 8 = 0$,

b) $9x - 2y - 7 = 0$ „ $7x + 6y + 8 = 0$,

c) $11x - 2y + 10 = 0$ „ $5x - 10y - 6 = 0$.

2. Wie heißt die Gleichung der Geraden durch den Schnittpunkt von $3x - y + 4 = 0$ und $4x - 6y + 3 = 0$, die zu $5x + 2y + 6 = 0$ senkrecht steht?

3. Gesucht: Gleichung der Geraden mit der Steigung (-2) und durch den Schnittpunkt von $2y + x - 3 = 0$ und $x - 3y + 2 = 0$.

§ 17. Verschiedene Längeneinheiten auf den Koordinatenachsen.

Bei den graphischen Darstellungen von Funktionen $y = f(x)$ verwendet man aus verschiedenen Gründen sehr oft verschiedene Längeneinheiten auf den Koordinatenachsen. Die richtige Größenbeziehung zwischen den durch die Gleichung $y = f(x)$ aneinander gebundenen Größen x und y kommt aber nur bei *gleichen* Längeneinheiten zur Veranschaulichung; denn nur dann sind die in der Zeichnung gemessenen Abstände eines Punktes von den Koordinatenachsen den Zahlen x und y proportional. Wir müssen daher in Zukunft genau auseinanderhalten: das Bild, das der Gleichung $y = f(x)$ bei gleichen Längeneinheiten entspricht, von jenem Bild, das bei verschiedenen Maßstäben entsteht.

Es möge nun 1 cm auf der Abszissenachse μ_1 Einheiten der Größe x und 1 cm auf der Ordinatenachse μ_2 Einheiten der Größe y veranschaulichen. Dann werden die Einheiten der Größen $(x; y)$ durch Strecken von den Längen $1 : \mu_1$ bzw. $1 : \mu_2$ dargestellt, und

es entspricht *in der Zeichnung*

der Zahl x eine Strecke von der Länge $x' = x/\mu_1$ (cm),

der Zahl y eine Strecke von der Länge $y' = y/\mu_2$ (cm);

x' und y' können wir auch als Koordinaten auffassen. x' und y sind die Maßzahlen der in der Zeichnung mit der Längeneinheit 1 cm gemessenen Koordinaten des Punktes P, welcher das Zahlenpaar $(x; y)$ veranschaulicht.

Der Zusammenhang zwischen dem Zahlenpaar $(x; y)$ und den Koordinaten des ihm entsprechenden Bildpunktes ist durch die

Gleichungen gegeben

$$\begin{aligned} x &= \mu_1 x' \\ y &= \mu_2 y' \end{aligned}$$

Wird daher $y = f(x)$ bei verschiedenen Längeneinheiten auf den Koordinatenachsen graphisch dargestellt, so hat die *in der Zeichnung* vorhandene Kurve die Gleichung

$$\mu_2 y' = f(\mu_1 x').$$

Beispiele.

1. Beispiel. Es soll die Gleichung $y = mx + b$ bei Anwendung verschiedener Längeneinheiten graphisch dargestellt werden.

Wir ersetzen x durch $\mu_1 x'$ und y durch $\mu_2 y'$ und erhalten

$$\mu_2 y' = m \cdot \mu_1 x' + b$$

oder

$$y' = m \cdot \frac{\mu_1}{\mu_2} x' + \frac{b}{\mu_2},$$

oder wenn wir setzen $\qquad m' = m \cdot \dfrac{\mu_1}{\mu_2}$ und $b' = \dfrac{b}{\mu_2}$, so ist

$$y' = m'x' + b'.$$

Dies ist aber eine Gleichung ersten Grades in x' und y'; wir erkennen also: *der Gleichung $y = mx + b$ entspricht als Bild immer eine gerade Linie, ob wir auf den Koordinatenachsen gleiche oder ungleiche Längeneinheiten verwenden.* Bei gleichen Längeneinheiten bestimmt man den Steigungswinkel aus $\operatorname{tg} \alpha = m$; bei ungleichen erhält man den in der Zeichnung vorhandenen *Steigungswinkel α'* aus

$$\operatorname{tg} \alpha' = m' = m \cdot \frac{\mu_1}{\mu_2}.$$

2. Beispiel. Sind zwei Größen x und y *zueinander proportional*, so besteht zwischen ihnen eine Gleichung von der Form

$$y = mx.$$

m heißt jetzt der Proportionalitätsfaktor. Die Proportionalität zweier Größen wird daher veranschaulicht durch eine Gerade durch den Nullpunkt. Solche Gleichungen sind z. B.

$u = \pi \cdot d \qquad u =$ Umfang; $d =$ Durchmesser eines Kreises.

$v = g \cdot t \qquad v =$ Geschwindigkeit; $t =$ Sekunden; $g =$ Erdbeschleunigung
$\qquad\qquad\qquad$ 9,81 m/sec².

$M = P \cdot x$; $M =$ Biegungsmoment, $P =$ Belastung am freien Ende eines
$\qquad\qquad\qquad$ Freiträgers; $x =$ Abstand vom freien Ende des Balkens.

3. Beispiel. Die Umfangsgeschwindigkeit v einer Welle vom Durchmesser d und der Tourenzahl n pro Minute ist gegeben durch

$$v = \frac{\pi d n}{60} \ (\text{m/sec}),$$

wenn d in m gemessen wird. Hier sind nun *drei* veränderliche Größen durch eine Gleichung aneinander geknüpft. Geben wir aber n einen *bestimmten* Wert, z. B. $n = 100$, so ist für dieses n

$$v = \frac{\pi}{60} \cdot 100 \cdot d = 5{,}236\, d$$

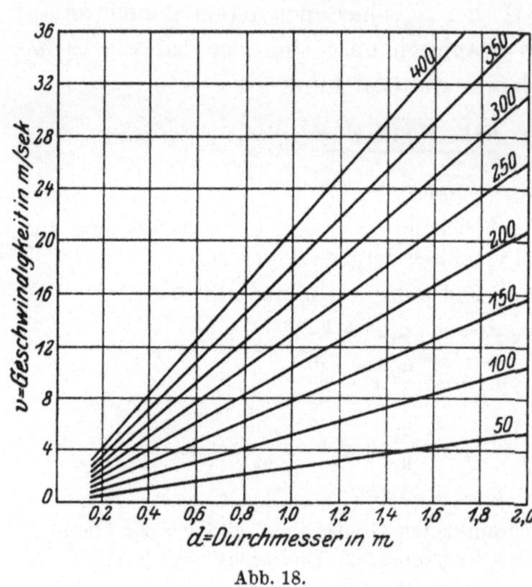

Abb. 18.

und ihr entspricht eine gerade Linie durch O (Abb. 18). Wir fügen an diese Gerade die Bezeichnung $n = 100$; dann zeichnen wir weitere gerade Linien für $n = 20$; 40; 60; ... So entsteht eine ganze Schar von Geraden durch O, von denen jede einzelne einer bestimmten Tourenzahl n entspricht. Jedem Punkt der Ebene werden *drei* zusammengehörige Werte v, d, n zugeordnet. v wird bestimmt durch die Horizontal-, d durch die Vertikallinien und n durch die Geraden durch O.

Übungen.

1. Zeichne die Gerade $y = 0{,}03\,x + 0{,}4$ im Bereich $x = 0$ bis $x = 100$ mit $\mu_1 = 5$ und $\mu_2 = 0{,}2$.

2. Die Funktion $y = 80\,x + 43$ soll im Gebiet von $x = 2$ bis $x = 4$ veranschaulicht werden. Wähle $\mu_1 = 0{,}1$ und $\mu_2 = 10$.

3. Die folgenden Wertepaare (x, y) sind durch Beobachtung gefunden worden.

Für $x =$	1	3	5	7	9	10
ist $y =$	8,5	7,5	5,8	4,5	3,5	2,7 .

Abb. 19 zeigt Punkte, die angenähert in einer geraden Linie liegen. Man hat die Vermutung, daß sie bei fehlerlosen Beobachtungen genau in einer Geraden liegen oder, was dasselbe ist, durch ein Gesetz von der Form $y = m\,x + b$ miteinander verknüpft sein müßten. Ist die Vermutung begründet, so ziehen wir eine „ausgleichende Gerade", d. h. eine dünne gerade Linie, die möglichst nahe an den gezeichneten Punkten vorbei geht, so daß die Abweichungen der Punkte von der Geraden sehr klein sind (positiv und negativ). Das Einzeichnen dieser Geraden wird erleichtert durch einen gestreckten Faden oder noch besser durch eine Zelluloidscheibe, auf welcher auf der unteren Fläche eine dünne gerade Linie eingeritzt ist. Ist die Gerade gezeichnet, so bestimmt man in bekannter Wiese ihre Gleichung. Aus der Figur wurde gefunden

$$y = 9{,}23 - 0{,}655\,x\,.$$

Zum Vergleich stellen wir die gegebenen y und die berechneten y_r untereinander und berechnen die Abweichungen $y - y_r$.

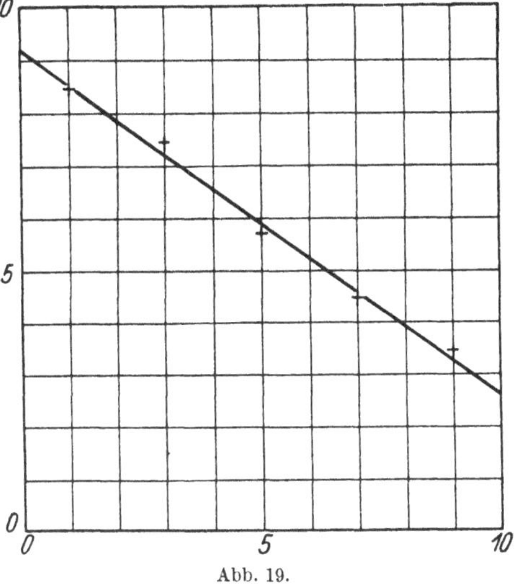

Abb. 19.

$y =$	8,5	7,5	5,8	4,5	3,5	2,7
$y_r =$	8,58	7,27	5,96	4,65	3,34	2,7
$y - y_r =$	$-0{,}08$	$+0{,}23$	$-0{,}16$	$-0{,}15$	$+0{,}16$	0 .

Die positiven und negativen Abweichungen heben sich gerade auf.

IV. Allgemeines über Kurvengleichungen.

§ 18. Tangente als Grenzlage einer Sekante.

Im Punkte P der Kurve C (Abb 20) ist eine Sekante PQ (s) gezogen. Nun drehen wir die Sekante um P bis der Punkt Q auf der Kurve nach P rückt. Die Sekante s ist dann zur Tangente t in P geworden.

Wir wollen nun mit Δ einen kleinen Zuwachs einer Größe bezeichnen, also mit Δx einen kleinen Zuwachs von x, mit Δy einen solchen von y. Sind $(x; y)$ die Koordinaten von P, dann sind jene von Q $(x + \Delta x;$ $y + \Delta y)$ Die Steigung der Sekante PQ ist $\operatorname{tg}\beta = \Delta y : \Delta x$. Wenn Q gegen P rückt (geschrieben: $Q \to P$), dann $\Delta y \to 0$ und $\Delta x \to 0$, $\beta \to \alpha$

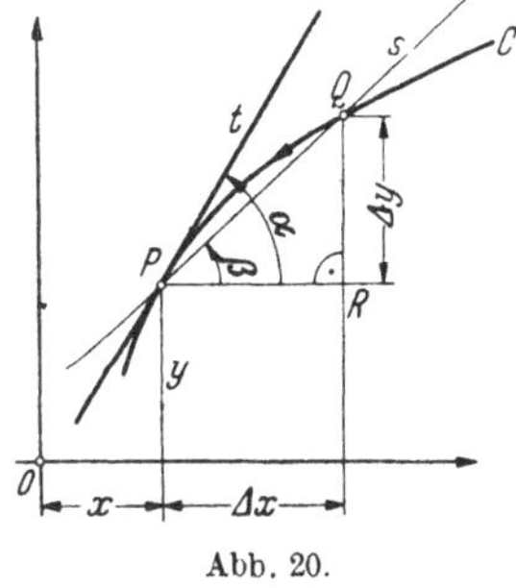

Abb. 20.

und aus tg β wird tgα, die Steigung der Tangente in P. Das lateinische Wort für „Grenzwert" heißt Limes (abgekürzt lim). Man schreibt nun kurz

$$\lim_{Q \to P} \text{tg } \beta = \text{tg } \alpha = m = \text{Steigung der Tangente in } P.$$

1. Beispiel. Es sei $y = ax^2$ die Gleichung der Kurve; dann gilt $y + \Delta y = a(x + \Delta x)^2$, weil auch Q auf der Kurve liegt. Aus diesen beiden Gleichungen folgt durch Subtraktion:

$$\Delta y = 2\,ax \cdot \Delta x + a \cdot \Delta x^2 \quad \text{und}$$

$$\frac{\Delta y}{\Delta x} = \text{tg } \beta = 2\,ax + a \cdot \Delta x\,, \quad \text{somit}$$

$$\text{tg } \alpha = \lim_{\Delta x \to 0} \text{tg } \beta = 2\,ax\,.$$

Die Steigung der *Kurve* $y = ax^2$ im *bestimmten* Punkte $(x_1; y_1)$ ist die Steigung der Tangente in diesem Punkte, also hier $2\,ax_1 = m$ und die Gleichung der Tangente lautet

$$y - y_1 = 2\,ax_1(x - x_1)$$

(siehe § 10; Beispiel 7).

2. Beispiel. Es ist, wie wir später sehen werden, § 62,

$$A x^2 + B xy + C y^2 + D x + E y + F = 0 \qquad (1)$$

die allgemeinste Gleichung eines *Kegelschnittes.* Es soll ein Ausdruck für die Steigung der Tangente in einem Punkte P der Kurve abgeleitet werden.

Es ist

$$A x^2 + B xy + C y^2 + D x + E y + F = 0\,,$$

weil P auf der Kurve liegt.

$$A(x + \Delta x)^2 + B(x + \Delta x)(y + \Delta y) + C(y + \Delta y)^2 + D(x + \Delta x)$$
$$+ E(y + \Delta y) + F = 0\,,$$

weil Q der Kurve angehört. Subtrahiert man die erste Gleichung von der zweiten, dividiert mit Δx und ordnet, so folgt:

$$\text{tg } \beta = \frac{\Delta y}{\Delta x} = - \frac{2\,Ax + By + D + A \cdot \Delta x + B \cdot \Delta y}{Bx + 2\,Cy + E + C \cdot \Delta y}$$

Rückt nun Q auf der Kurve nach dem *bestimmten* Punkte $P(x_1; y_1)$, dann erhält man für die Steigung der Tangente in P, weil $\Delta x \to 0$; $\Delta y \to 0$

$$\text{tg } \alpha = m = - \frac{2\,Ax_1 + By_1 + D}{Bx_1 + 2\,Cy_1 + E}$$

und die Gleichung der Tangente im Punkte $P(x_1; y_1)$ der Kurve (1) lautet:

$$y - y_1 = - \frac{2\,Ax_1 + By_1 + D}{Bx_1 + 2\,Cy_1 + E}(x - x_1) \qquad (2)$$

Schafft man den Nenner weg und berücksichtigt, daß

$$A x_1^2 + B x_1 y_1 + C y_1^2 + D x_1 + E y_1 = -F\,,$$

dann findet man eine andere Form für die *Gleichung der Tangente*, nämlich

$$A\,x\,x_1 + B\,\frac{x\,y_1 + x_1\,y}{2} + C\,y\,y_1 + D\,\frac{x + x_1}{2} + E\,\frac{y + y_1}{2} + F = 0 \qquad (3)$$

Wir erkennen daraus die folgende *bequeme Regel*: Man erhält für einen Punkt $P(x_1; y_1)$ der Kurve (1) die Gleichung der Tangente (3), indem man

$$x^2 \text{ ersetzt durch } x\,x_1; \quad y^2 \text{ durch } y\,y_1; \quad x\,y \text{ durch } \frac{x\,y_1 + x_1\,y}{2}$$

und x durch $\dfrac{x + x_1}{2}$, y durch $\dfrac{y + y_1}{2}$.

Beispiel. Die Gleichung der Tangente im Punkte $P(x_1\,y_1)$

des Kreises $\quad x^2 + y^2 = r^2$ ist $x\,x_1 + y\,y_1 = r^2$

der Ellipse $\quad b^2 x^2 + a^2 y^2 = a^2 b^2$; $b^2 x\,x_1 + a^2 y\,y_1 = a^2 b^2$ usw.

Bei manchen Aufgaben, in denen es sich um die Führung gewisser Punkte einer Geraden längs vorgeschriebener Bahnkurven handelt, kann man die *Konstruktion* der Tangenten mit Hilfe des augenblicklichen Drehpunktes M, des *Momentanzentrums* finden.

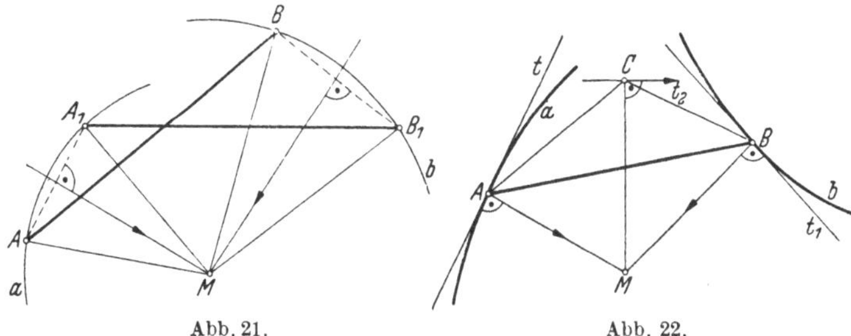

Abb. 21. Abb. 22.

In der Abb. 21 sei die Strecke $A\,B$ in die Lage $A_1 B_1$ verschoben worden. Man kann sich diese Lagenänderung als Drehung um den Punkt M ausgeführt denken, wobei M der Schnittpunkt der Mittelsenkrechten zu den Strecken $A A_1$ und $B B_1$ ist. Die Dreiecke $M A B$ und $M A_1 B_1$ sind nämlich kongruent.

Je kleiner das Bahnelement für A nach A_1 ist, desto mehr nähert sich die Sekante $A A_1$ (in der Abb. 21) der Tangente t im Ausgangspunkt A der Bahnkurve a (Abb. 22). Das gleiche trifft für den Punkt B zu. Demnach findet man

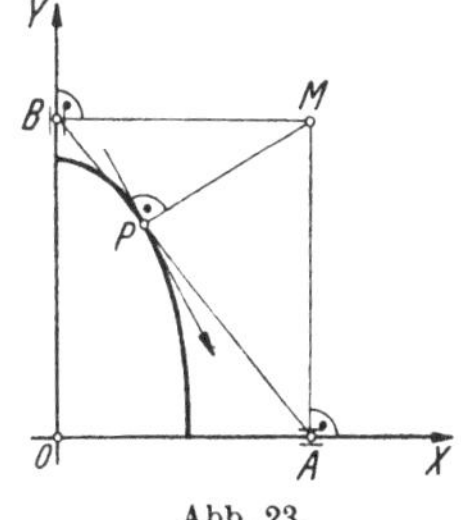

Abb. 23.

den Punkt M, das Momentanzentrum, wenn man in den Punkten A und B der Geraden $A B$ die Normalen zu den Führungskurven a und b errichtet. Denkt man sich nun irgendeinen dritten Punkt C fest mit A und B verbunden, dann ist seine Bewegungsrichtung im nächsten Augenblick gegeben durch das Lot t_2 auf MC. t_2 ist eine Tangente an die Bahnkurve von C.

Wird z. B. die Strecke AB (Abb. 23) so geführt, daß A auf der X-, und B auf der $\bar{Y}$-Achse eines Koordinatensystems gleitet, dann ist M der Schnittpunkt der Lote zu den Achsen in A und B. P beschreibt eine Kurve (Ellipse) und die Tangente in P ist das Lot zu PM.

Rollt ein Kreis k auf einer festen Geraden g, oder auf einem festen Kreis k_1, dann ist der Berührungspunkt das Momentanzentrum.

§ 19. Parallelverschiebung und Drehung des Koordinatensystems.

1. Parallelverschiebung.

Wir ziehen durch einen Punkt O' $(h; k)$ Parallele zu den Achsen eines Koordinatensystems. Ein Punkt P hat dann in bezug auf das alte System die Koordinaten $(x; y)$, in bezug auf das neue $(x'\ y')$. Der Zusammenhang zwischen den alten und neuen Koordinaten folgt unmittelbar aus der Abb. 24. Es ist

$$x = x' + h$$
$$y = y' + k.$$

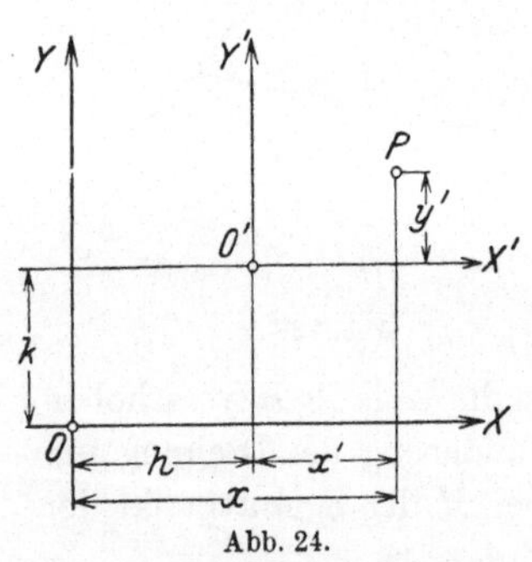
Abb. 24.

Ist $y = f(x)$ die Gleichung einer Kurve bezogen auf ein System (x, y), so erhält man die Gleichung der nämlichen Kurve bezogen auf das neue System, indem man x ersetzt durch $x' + h$ und y durch $y' + k$, wobei h und k die Koordinaten des neuen Nullpunktes im alten System bedeuten.

Nach dem Ersatz kommen dann keine Größen x, y mehr vor, sondern nur noch x' und y'. Man kann also nachträglich, da keine Verwechslungen möglich sind, die Akzente wieder weglassen.

1. Beispiel. Eine Gerade durch den Nullpunkt hat die Gleichung $y = mx$. Wie heißt die Gleichung der nämlichen Geraden in bezug auf ein Parallelsystem mit dem Nullpunkt $(-x_1; -y_1)$?

Man ersetzt x durch $x' - x_1$ und y durch $y' - y_1$; die gesuchte Gleichung lautet $y' - y_1 = m(x' - x_1)$ oder unter Weglassung der Akzente $y - y_1$

$= m\,(x - x_1)$, wobei jetzt x und y die Koordinaten eines Punktes der Geraden in bezug auf das *neue* System bedeuten.

2. Beispiel. Eine Kurve hat die Gleichung $y = 0,1\,x^2 - 0,8\,x - 4,4$. Wie heißt die Gleichung der nämlichen Kurve in bezug auf ein Parallelsystem mit dem Nullpunkt in $O'(4; -6)$?

$$y - 6 = 0,1\,(x + 4)^2 - 0,8\,(x + 4) - 4,4$$

oder vereinfacht $\qquad\qquad y = 0,1\,x^2\,.$

2. Drehung.

Wir drehen das Koordinatensystem um den Nullpunkt im positiven Sinne um den Winkel α in die neue Lage $O\,(X'\,Y')$. $OP = r$ schließe mit der neuen X'-Achse den Winkel β ein; dann ist (Abb. 25)

$$x = r \cos (\alpha + \beta)$$
$$y = r \sin (\alpha + \beta)$$

oder

$$x = r \cos \alpha \cdot \cos \beta$$
$$\quad - r \cdot \sin \alpha \cdot \sin \beta$$
$$y = r \cdot \sin \alpha \cdot \cos \beta$$
$$\quad + r \cdot \cos \alpha \cdot \sin \beta\,.$$

Nun ist $r \cdot \cos \beta = x'$ und $r \cdot \sin \beta = y'$; somit ist

$$\boldsymbol{x = x' \cdot \cos \alpha - y' \cdot \sin \alpha}$$
$$\boldsymbol{y = x' \cdot \sin \alpha + y' \cdot \cos \alpha\,.}$$

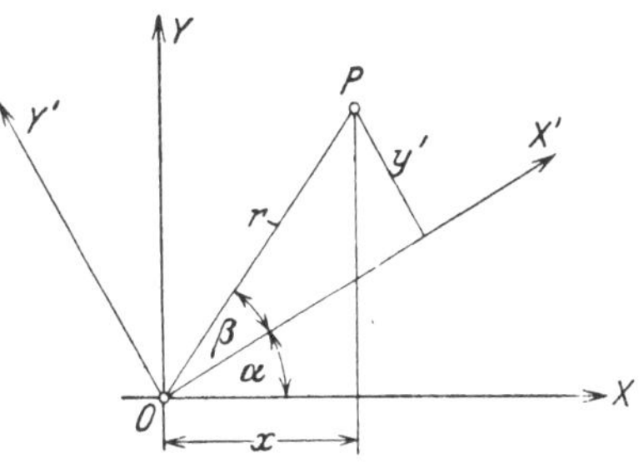

Abb. 25.

Ist $y = f(x)$ die Gleichung einer Kurve in bezug auf ein System (x, y), so erhält man die Gleichung der nämlichen Kurve, in bezug auf ein System, das gegenüber dem alten um den Winkel α gedreht ist, indem man jedes x ersetzt durch $x' \cos \alpha - y' \sin \alpha$ und jedes y durch $x' \sin \alpha + y' \cos \alpha$. — Auch hier können nachträglich, wenn Verwechslungen ausgeschlossen sind, die Akzente wieder weggelassen werden.

1. Beispiel. Welches ist die Gleichung der Geraden $y = b$ in bezug auf ein System, das gegenüber dem ursprünglichen um den Winkel α gedreht ist?

Da nur y vorkommt, ist nur dieses zu ersetzen durch $x' \sin \alpha + y' \cos \alpha$. Die Gleichung der Geraden in bezug auf das neue System lautet somit

$$x \cdot \sin \alpha + y \cdot \cos \alpha = b$$

oder $\qquad\qquad y = -\operatorname{tg} \alpha \cdot x + \dfrac{b}{\cos \alpha}\,.$

2. Beispiel. Wie heißt die Gleichung der Kurve $x^2 - y^2 = a^2$ in bezug auf ein System, das um $(-45°)$ gedreht ist?

Es ist $\cos \alpha = \cos(-45°) = \frac{1}{2} \sqrt{2}$ und $\sin \alpha = \sin(-45°) = - \frac{1}{2} \sqrt{2}$,

somit
$$x' \cos \alpha - y' \sin \alpha = \frac{1}{2} \sqrt{2}\, (x' + y') = x$$

$$x' \sin \alpha + y' \cos \alpha = \frac{1}{2} \sqrt{2}\, (- x' + y') = y\,.$$

Unter Weglassung der Akzente lautet die Gleichung der Kurve in bezug auf das neue System

$$\left(\frac{1}{2} \sqrt{2}\right)^2 (x + y)^2 - \left(\frac{1}{2} \sqrt{2}\right)^2 (- x + y)^2 = a^2$$

oder vereinfacht $\qquad\qquad xy = a^2/2\,.$

Übungen.

1. Ersetzt man in $x^2 + y^2 = r^2$, x durch $x \cos \alpha - y \sin \alpha$ und y durch $x \sin \alpha + y \cos \alpha$, so erhält man wieder $x^2 + y^2 = r^2$.

2. Parallelverschiebung nach $(2; 1)$ verändert
$8 x^2 + 12\, xy + 17 y^2 - 44 x - 58 y - 7 = 0$ in $8 x^2 + 12\, xy + 17 y^2 = 80$.

3. $y^2 + xy - x - 3 y - 14 = 0$ geht durch Parallelverschiebung nach $(1; 1)$ über in $y^2 + xy = 16\,$.

4. Drehung des Koordinatensystems um einen Winkel α, von dem man kennt $\mathrm{tg}\,\alpha = 1 : 3$, verwandelt $2 x^2 + 3 x y - 2 y^2 - 12 = 0$ in $x^2 - y^2 = 4{,}8\,$.

5. Drehung des Koordinatensystems um einen Winkel α, von dem man kennt $\mathrm{tg}\,\alpha = 3 : 4$, verwandelt $16\, x^2 + 24\, xy + 9\, y^2 + 120\, x - 160\, y = 0$ in $y = \frac{1}{8}\, x^2\,$.

6. $5\, x^2 + 6\, xy + 5 y^2 - 32 = 0$ wird durch Drehung um $45°$ in $x^2 : 4 + y^2 : 16 = 1$ verwandelt.

§ 20. Polarkoordinaten.

Neben den rechtwinkligen Koordinaten benutzt man zur Ortsbestimmung eines Punktes noch die Polarkoordinaten. Man wählt in der Ebene einen beliebigen festen Punkt O, den *Pol*, und von ihm ausgehend einen beliebigen Strahl p, die *Polar-* oder *Nullachse*. Ein Punkt P ist bestimmt durch seine Entfernung r vom Pol und den Winkel φ, den p mit r (im positiven Sinne gemessen) einschließt. Diese beiden Bestimmungsstücke r, φ heißen die *Polarkoordinaten* des Punktes P. $r = $ Radius oder Radiusvektor; $\varphi = $ Richtungswinkel.

Ist die Gleichung einer *Kurve* in rechtwinkligen Koordinaten gegeben, so kann man leicht zur Gleichung in Polarkoordinaten

übergehen. Man denkt sich den Pol mit dem Nullpunkt, die Nullachse mit der positiven X-Achse zusammenfallend (Abb. 26). Ersetzt man, unter diesen Voraussetzungen,
in einer Kurvengleichung $y = f(x)$, die
rechtwinkligen Koordinaten x und y durch

$$x = r \cdot \cos \varphi \quad \text{und} \quad y = r \cdot \sin \varphi,$$

so erhält man die Gleichung der nämlichen Kurve in Polarkoordinaten. Umgekehrt gelangt man von dieser wieder zur

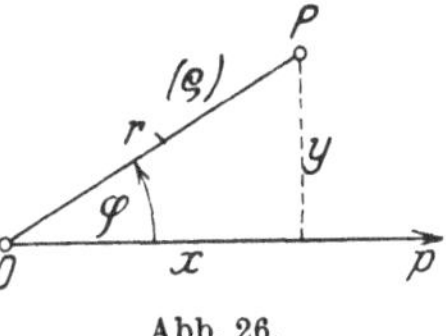
Abb. 26.

Gleichung in rechtwinkligen Koordinaten, indem man setzt

$$r = \sqrt{x^2 + y^2} \qquad \operatorname{tg} \varphi = y : x \qquad \cos \varphi = x : \sqrt{x^2 + y^2}$$
$$\sin \varphi = y : \sqrt{x^2 + y^2}.$$

1. Beispiel. Berechne die Polarkoordinaten des Punktes $P\,(-5;\,8)$.

Es ist $\qquad\qquad r = \sqrt{(-5)^2 + 8^2} = \sqrt{89} = 9{,}434\,.$

Ferner $\quad \operatorname{tg} \varphi = 8 : (-5) = -1{,}6\,, \quad$ somit $\quad \varphi = 180° - 58° = 122°\,.$

r und φ sind die Polarkoordinaten.

2. Beispiel. Berechne die rechtwinkligen Koordinaten des Punktes
$P\,(10;\,204°)$. Es ist

$$x = 10 \cdot \cos 204° = -10 \cdot \cos 24° = -9{,}135\,,$$
$$y = 10 \cdot \sin 204° = -10 \cdot \sin 24° = -4{,}067\,.$$

3. Beispiel. Wie lautet die Gleichung des Kreises $x^2 + y^2 = r^2$ in
Polarkoordinaten? — Den Radiusvektor bezeichnen wir mit ϱ, da der
Kreisradius schon mit r bezeichnet ist. Es ist

$$(\varrho \cos \alpha)^2 + (\varrho \sin \alpha)^2 = r^2 \quad \text{oder} \quad \varrho = r$$

die Gleichung des Kreises. Unabhängig vom Winkel φ ist ϱ beständig
gleich r.

4. Beispiel. Bestimme die Gleichung der Kurve $xy = a^2/2$ in Polarkoordinaten. (Beispiel 2 § 19.)

$$\varrho^2 \sin \alpha \cdot \cos \alpha = a^2/2$$

oder $\qquad\qquad \varrho = a \sqrt{\dfrac{1}{\sin (2\,\alpha)}}\,.$

*5. Beispiel. Gleichung einer Geraden in Polar-
koordinaten* (Abb. 27). Ist δ die Länge des Lotes
von O auf g, α sein Winkel mit der positiven X-Achse,
ist $P\,(r;\,\varphi)$ ein beliebiger Punkt auf g, dann ist

$$r \cdot \cos (\varphi - \alpha) = \delta = \text{konstant}$$

die Polargleichung der Geraden.

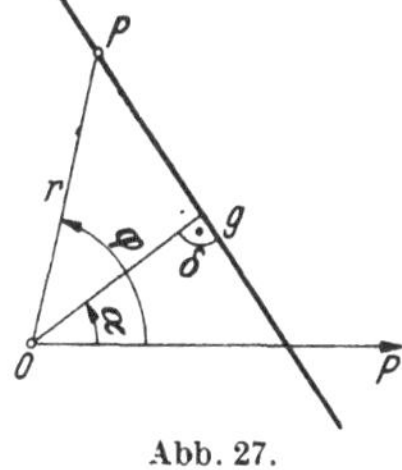
Abb. 27.

Man kommt zu dieser Gleichung auch, indem man in der Normalform
$$x \cos \alpha + y \sin \alpha - \delta = 0$$
$$x = r \cos \varphi;\ y = r \sin \varphi \ \text{setzt.}$$

Übungen.

1. Zeichne $r = 3\,(1 + \cos\varphi)$.

2. Ebenso $r^2 = 16 \cdot \cos(2\,\varphi)$.

3. Soll $r^2 = a^2 \cos(2\,\varphi)$ in rechtwinklige Koordinaten übergeführt werden, dann setzt man

$$r^2 = a^2\,(\cos^2\varphi - \sin^2\varphi)$$
$$x^2 + y^2 = a^2\,(x^2/r^2 - y^2/r^2)$$

oder $\qquad\qquad (x^2 + y^2)^2 = a^2\,(x^2 - y^2)$.

4. Die Gleichung

$$(1 - e^2)\,x^2 + y^2 - 2\,u e^2\,x - u^2 e^2 = 0$$

lautet in Polarkoordinaten

$$r\,(1 - e\cos\varphi) = e u\,.$$

§ 21. Parameterdarstellung.

Eine Kurve kann analytisch bestimmt sein durch eine Gleichung von der Form

$$y = f\,(x) \qquad \text{oder} \quad F\,(x;\,y) = 0$$

Beispiel: $y = \sqrt{r^2 - x^2}$ oder $x^2 + y^2 - r^2 = 0$,

oder durch eine Gleichung in Polarkoordinaten

$$\varrho = f\,(\varphi)\,.$$

Beispiel: $\varrho = a\cos\varphi + b\sin\varphi$.

Man kann aber die beiden Koordinaten auch *einzeln* darstellen in Abhängigkeit von einer *dritten Hilfsveränderlichen*, die man *Parameter* nennt:

$$\boldsymbol{x = \varphi\,(t)}$$
$$\boldsymbol{y = \psi\,(t),}$$

worin φ und ψ Funktionen und t die Hilfsgröße bezeichnen. Durch Elimination von t gelangt man zur Darstellung in rechtwinkligen Koordinaten.

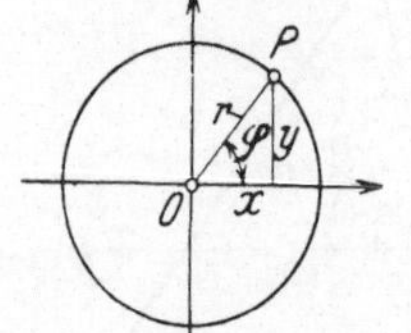

Abb. 28.

1. Beispiel. Für jeden Punkt des Kreises (Abb. 28) ist

$$\left\{ \begin{array}{l} x = r\cos\varphi \\ y = r\sin\varphi \end{array} \right\}.$$

Diese beiden Gleichungen zusammen sind eine Parameterdarstellung des Kreises. φ ist der Parameter. Durch Quadrieren und Addieren gelangen wir wieder zur Gleichung $x^2 + y^2 = r^2$.

2. *Beispiel.* Die Strecke AB (Abb. 29) wird mit den Endpunkten längs den Koordinatenachsen geführt. 1. Welche Kurve umhüllt die Gerade $AB = a$? 2. Von O aus wird in jeder Lage von AB das Lot OQ auf AB errichtet. Auf welcher Kurve liegen alle Punkte Q?

Zu 1. Fällt man von M das Lot auf AB, dann ist der Punkt P der Berührungspunkt der Tangente AB an die gesuchte Kurve, denn die augenblickliche Bewegungsrichtung von P fällt in die Richtung AB. Man findet nun aus ähnlichen rechtwinkligen Dreiecken für die Koordinaten von P

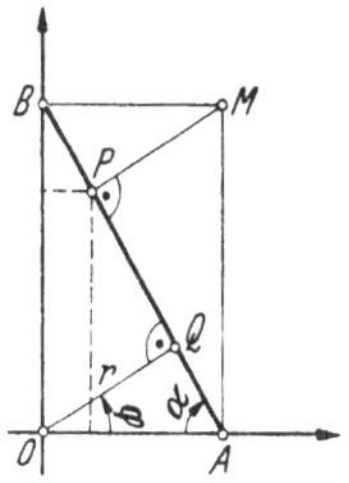

$$x = a \cos^3 \alpha \quad \text{und} \quad y = a \sin^3 \alpha .$$

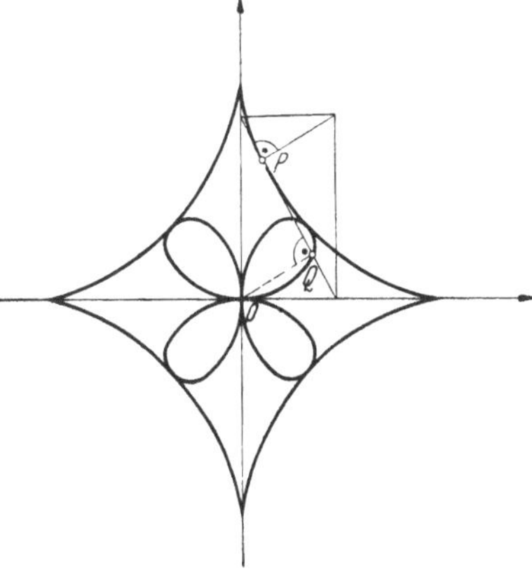
Abb. 29.

Dies ist die Parameterdarstellung der Kurve; $\alpha = $ Parameter. Durch Elimination von α folgt hieraus

$$x^{2/3} + y^{2/3} = a^{2/3}$$

als Gleichung der Kurve in rechtwinkligen Koordinaten (Astroide-Sternkurve).

Zu 2. Für die Koordinaten x, y des Punktes Q findet man aus der Zeichnung:

$$x = a \cdot \cos^2 \alpha \cdot \sin \alpha \quad \text{und} \quad y = a \cdot \sin^2 \alpha \cdot \cos \alpha .$$

Dies ist wiederum eine Parameterstellung. Wir gehen jetzt über zu Polarkoordinaten. Es ist $\alpha = 90 - \varphi$, somit

$$x = a \sin^2 \varphi \cdot \cos \varphi$$
$$\text{und} \quad y = a \cos^2 \varphi \cdot \sin \varphi .$$

Durch Quadrieren und Addieren folgt hieraus

$$x^2 + y^2 = r^2 = a^2 \sin^2 \varphi \cos^2 \varphi$$

$$= \frac{a^2}{4} \sin^2 (2\varphi) \quad \text{oder}$$

$$r = \frac{a}{2} \sin (2\varphi) .$$

Die Kurven sind in der Abb. 30 gezeichnet.

Abb. 30.

Übungen.

1. Ein Kreis mit dem Radius r hat den Mittelpunkt in $(0; r)$. Er rollt auf der positiven X-Achse ohne zu gleiten und dreht sich dabei um den Winkel α. M sei der Mittelpunkt des Kreises in dieser zweiten Stellung, A sein Berührungspunkt mit der X-Achse und P der ursprünglich mit O zusammengefallene Punkt auf dem Umfang des Kreises. Es ist $\sphericalangle AMP = \alpha$; ferner die Strecke $OA = $ dem Bogen $AP = r \cdot \alpha$. Welches sind die Koor-

dinaten des Punktes P? Die Kurve, die P beschreibt, heißt „*Zykloide*". Die Tangente in P steht senkrecht zu PA. § 19.

2. O ist der Mittelpunkt eines festen Kreises mit dem Radius R, $M(R+r; 0)$ der Mittelpunkt eines zweiten beweglichen Kreises mit dem Radius r, der auf dem ersten Kreis rollt ohne zu gleiten. Der ursprüngliche Berührungspunkt $A(R; 0)$ sei nach der Drehung nach P, der Mittelpunkt M nach M_1 gekommen. Die Kreise berühren sich jetzt in B. OBM_1 ist eine Gerade. $OM_1 = R + r$. $\sphericalangle AOB = \alpha$ und $\sphericalangle BM_1P = \beta$. Ferner ist der Bogen AB auf dem festen Kreis gleich dem Bogen BP auf dem beweglichen und daher $R\widehat{\alpha} = r \cdot \widehat{\beta}$. Welches sind die Koordinaten des Punktes P? Die Kurve, die P beschreibt, heißt „*Epyzykloide*". Die Tangente in P steht senkrecht zu PB. § 19.

3. Ein Kreis um O mit Radius r schneidet die positive X-Achse im Punkte A. Die Tangente in A wird auf dem Kreisumfang abgewälzt ohne zu gleiten. B sei der Berührungspunkt, wenn sich die Tangente um den Winkel α gedreht hat; der ursprüngliche Berührungspunkt auf der Tangente ist nach P gekommen. $\sphericalangle AOB = \alpha$; Bogen $AB =$ dem Abschnitt BP auf der Tangente $= r\widehat{\alpha}$. Koordinaten von P? Die Kurve, die P beschreibt, heißt „*Kreisevolvente*".

4. Ein Kreis mit Radius r geht durch die Punkte $O(0; 0)$ $B(0; 2r)$. Ziehe in B die Tangente t. Eine beliebige Gerade durch O treffe den Kreis in C und die Tangente in A. Die Horizontale durch C und die Vertikale durch A treffen sich im Punkte P. Koordinaten von P? $\sphericalangle BOA = \alpha$. Gleichung der Kurve, auf welcher P liegt?

V. Der Kreis.

§ 22. Die Kreisgleichung.

Ein Kreis mit dem Radius r habe den Mittelpunkt $M(h; k)$. Jeder Punkt $P(x; y)$ der Kreislinie hat von M den gleichen Abstand r (Abb. 31). Es ist demnach $MA^2 + AP^2 = r^2$ und

$$MA = x - h \quad \text{oder} \quad h - x$$
$$AP = y - k \quad \text{oder} \quad k - y.$$

Auf jeden Fall ist

$$(x - h)^2 + (y - k)^2 = r^2. \quad (1)$$

Dies ist die Gleichung des Kreises mit dem Mittelpunkt $(h; k)$ und dem Radius r.

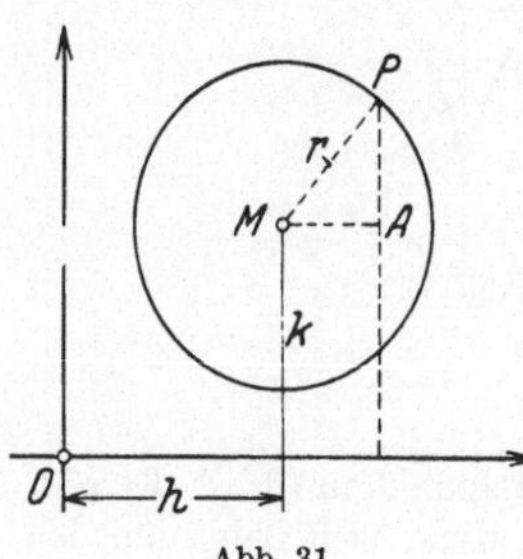

Abb. 31.

Ist der Nullpunkt zugleich der Mittelpunkt, so ist $h = 0$ und $k = 0$, und die Gleichung heißt

$$x^2 + y^2 = r^2. \quad (1')$$

Wir führen die Quadrate in (1) aus und gelangen so zu einer zweiten allgemeinen Gleichungsform. Es ist

$$x^2 - 2hx + h^2 + y^2 - 2ky + k^2 = r^2$$

oder
$$x^2 + y^2 - 2hx - 2ky + h^2 + k^2 - r^2 = 0$$

Wir setzen $-2h = a$; $-2k = b$; $h^2 + k^2 - r^2 = c$ und erhalten

$$\boldsymbol{x^2 + y^2 + ax + by + c = 0.} \tag{2}$$

Umgekehrt kann jede Gleichung von der Form (2) in die Form (1) übergeführt werden. Fügen wir nämlich rechts und links $\left(\dfrac{a}{2}\right)^2 + \left(\dfrac{b}{2}\right)^2$ hinzu, so erhält (2) die Form

$$\left(x + \frac{a}{2}\right)^2 + \left(y + \frac{b}{2}\right)^2 = \frac{a^2 + b^2 - 4c}{4}. \tag{3}$$

Dies ist eine Gleichung von der Form (1). Eine Vergleichung zeigt

$$h = -\frac{a}{2}; \quad k = -\frac{b}{2} \quad \text{und} \quad r = \frac{1}{2}\sqrt{a^2 + b^2 - 4c}.$$

Aber, während (1) für alle reellen Werte h, k, r einen Kreis darstellt, trifft dies bei der Gleichung (2) nur zu, wenn $a^2 + b^2 > 4c$ ist. Ist $a^2 + b^2 = 4c$, dann ist $r = 0$; ist $a^2 + b^2 < 4c$, so entspricht der Gleichung (2) kein reeller Kreis. Anders ausgedrückt: Ist $a^2 + b^2 > 4c$, dann gibt es unzählig viele Wertepaare (x, y) [Punkte $(x; y)$], welche die Gleichung (2) erfüllen; ist $a^2 + b^2 = 4c$, dann gibt es ein einziges Wertepaar, und ist $a^2 + b^2 < 4c$, dann findet man überhaupt keinen Punkt in der Ebene, dessen Koordinaten der Gleichung (2) genügen. Das Ergebnis lautet somit: Jede Gleichung, die sich auf die Form (2) bringen läßt, ist die Gleichung eines wirklichen Kreises, wenn $a^2 + b^2 > 4c$ ist.

Das Eigentümliche der Gleichung (2) ist, im Hinblick auf spätere Entwicklungen, wohl zu beachten:

1. Die Koeffizienten der Glieder mit x^2 und y^2 sind genau gleich und von Null verschieden.

2. Das Produkt $x \cdot y$ kommt in der Gleichung nicht vor.

§ 23. Beispiele.

1. *Beispiel.* Wie heißt die Gleichung des Kreises mit dem Mittelpunkt $(-3; 2)$ und dem Radius $r = 4$ cm?

Hier ist $h = -3$; $k = 2$; $r = 4$, somit nach Gl. (1)

$$(x + 3)^2 + (y - 2)^2 = 16 \, .$$

Der Kreis schneidet z. B. die Abszissenachse in den Punkten, deren Abszissen sich ergeben aus

$$(x + 3)^2 + (0 - 2)^2 = 16 \, ,$$

weil für die Schnittpunkte $y = 0$ ist. Man findet

$$x_1 = 2\sqrt{3} - 3 = 0{,}464 \quad \text{und} \quad x_2 = -2\sqrt{3} - 3 = -6{,}464 \, .$$

2. Beispiel. Ist $x^2 + y^2 - 4x - 2y - 20 = 0$ die Gleichung eines wirklichen Kreises?

Wir schreiben die Gleichung in der Form

$$(x^2 - 4x) + (y^2 - 2y) = 20$$

oder $\qquad (x - 2)^2 + (y - 1)^2 = 20 + 4 + 1 = 25 \, .$

Der Gleichung entspricht somit ein Kreis mit dem Mittelpunkt $M\,(2; 1)$ und dem Radius $r = 5$ cm.

3. Beispiel. Die Gleichung $x^2 + y^2 + 8x + 10y + 41 = 0$ wird nur durch ein einziges Wertepaar (x, y) erfüllt; denn

$$(x + 4)^2 + (y + 5)^2 = 16 + 25 - 41 = 0 \, .$$

Die Summe von zwei Quadraten ist nur Null, wenn jeder einzelne Summand Null ist. Demnach ist $x = -4$; $y = -5$ das einzige Wertepaar, das die Gleichung erfüllt. Der Kreis ist gleichsam auf den Mittelpunkt zusammengeschrumpft.

4. Beispiel. Die Gleichung $x^2 + y^2 + 6x - 4y + 16 = 0$ kann durch kein reelles Wertepaar (x, y) befriedigt werden; denn

$$(x + 3)^2 + (y - 2)^2 = 9 + 4 - 16 = -3 \, .$$

Da $r^2 = -3$, also $r = \sqrt{-3}$ ist, entspricht der Gleichung kein reeller Kreis.

5. Beispiel. Wie heißt die Gleichung des Kreises, der durch die drei Punkte $A\,(-2; -1)$ $B\,(0; -5)$ $C\,(6; 3)$ geht?

Jede Kreisgleichung muß sich auf die Form

$$x^2 + y^2 + ax + by + c = 0$$

bringen lassen. Da die Punkte A, B, C auf dem Kreise liegen, so müssen ihre Koordinaten eine Gleichung dieser Form erfüllen; es ist also

$$4 + 1 - 2a - b + c = 0 \qquad (A)$$
$$0 + 25 - 0 - 5b + c = 0 \qquad (B)$$
$$36 + 9 + 6a + 3b + c = 0 \qquad (C) \, .$$

Aus diesen drei Gleichungen können a, b, c bestimmt werden. Man findet $a = -6$; $b = 2$; $c = -15$. Somit lautet die Gleichung des Kreises

$$x^2 + y^2 - 6x + 2y - 15 = 0$$

oder $\qquad (x - 3)^2 + (y + 1)^2 = 25 \, .$

Der Mittelpunkt ist in $M\,(3; -1)$ und $r = 5$.

6. Beispiel. Wie heißt die Gleichung des Kreises mit dem Radius r, der seinen Mittelpunkt auf der positiven X-Achse hat und die Y-Achse berührt?

Hier ist $h = r$; $k = 0$; somit lautet die Gleichung

$$(x - r)^2 + y^2 = r^2$$

oder auch $\quad y^2 = x\,(2\,r - x)\,.$

Diese Gleichung könnte auch unmittelbar aus der Abb. 32 abgelesen werden; denn es ist $PA^2 = OA \cdot AB$ oder $y^2 = x\,(2\,r - x)\,.$

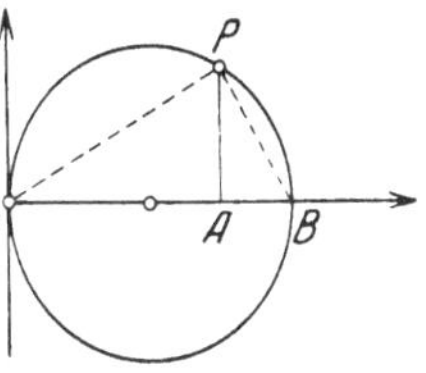
Abb. 32.

7. Beispiel. Bestimme die Koordinaten der Schnittpunkte des Kreises $x^2 + y^2 = 16$ mit der Geraden $y = 0{,}5\,x + 2$.

Da die Punkte auf dem Kreise *und* auf der Geraden liegen, müssen ihre Koordinaten beide Gleichungen gleichzeitig erfüllen. Wir haben also in $x^2 + y^2 = 16$ und $y = 0{,}5\,x + 2$ zwei Gleichungen mit zwei Unbekannten. Die Elimination von y liefert die Gleichung $5\,x^2 + 8\,x - 48 = 0$. Da die Gleichung vom zweiten Grade ist, gibt es höchstens zwei Schnittpunkte. Diese sind $A\,(2{,}4;\,3{,}2)$ $B\,(-4;\,0)$ (Zeichnung).

Übungen.

1. Ein Kreis geht durch den Punkt $(-4;\,3)$ und hat den Mittelpunkt in O. Wie heißt seine Gleichung?

2. Ein Kreis berührt die Gerade $4\,x + 5\,y - 40 = 0$ und hat den Mittelpunkt in O. Wie lautet seine Gleichung?

3. Bestimme die Gleichung jener vier Kreise mit dem Radius r, die je eine Koordinatenachse im Nullpunkte berühren.

4. Bestimme die Gleichung des Kreises, der alle vier Kreise in Aufgabe 3 einschließt.

5. Bestimme die Schnittpunkte des Kreises $x^2 + y^2 - 4\,x + 2\,y - 4 = 0$ mit den Koordinatenachsen.

6. Ein Kreis mit dem Radius r berührt die positive X- und Y-Achse. Gleichung?

7. Bestimme die Gleichung jenes Kreises mit dem Mittelpunkt in O, der a) jenen Kreis in Aufgabe 6 einschließend, b) ausschließend berührt.

8. Bestimme Mittelpunkt und Radius aus folgenden Kreisgleichungen.

a) $x^2 + y^2 - 2\,x + 2\,y - 14 = 0\,.$ e) $4\,x^2 + 4\,y^2 - 28\,x + 28\,y + 49 = 0\,.$

b) $x^2 + y^2 - 8\,x - 9 = 0\,.$ f) $x^2 + y^2 - 8\,x + 2\,y + 19 = 0\,.$

c) $2\,x^2 + 2\,y^2 + 10\,x - 2\,y - 5 = 0\,.$ g) $x^2 + y^2 - 8\,x + 2\,y + 17 = 0\,.$

d) $x^2 + y^2 - 10\,x + 8\,y = 0\,.$ h) $a\,(x^2 + y^2) + b\,(x + y) + c = 0\,.$

9. Bestimme Mittelpunkt und Radius des Kreises, der durch die drei Punkte geht: a) $A\,(-5;\,2)$ $B\,(5;\,2)$ $C\,(2;\,-5)$, b) $A\,(0;\,0)$ $B\,(0;\,4)$ $C\,(7;\,0)$, c) $A\,(0;\,3)$ $B\,(-2;\,2)$ $C\,(6;\,6)$, d) $A\,(-2;\,2)$ $B\,(4;\,3)$ $C\,(10;\,0)\,.$

10. Ein Kreis berührt die Gerade $y = -3\,x$ im Nullpunkt und geht durch den Punkt $(0;\,8)$. Kreisgleichung?

11. Ein Kreis berührt die Gerade $4\,x - 3\,y - 8 = 0$; sein Mittelpunkt ist in $(-4;\,2)$. Gleichung?

12. Zeichne den Kreis $x^2 - 8\,x + y^2 = 0$ und die Gerade $y = 0{,}5\,x + 2$. Berechne die Koordinaten der Schnittpunkte.

13. Ein Kreis geht durch $(2; -2)$ und $(8; 4)$ und hat den Mittelpunkt auf der X-Achse. Gleichung?

14. Ein Kreis berührt die Koordinatenachsen und geht durch $P(2; 5)$. Gleichung?

15. Ein Kreis berührt die Koordinatenachsen und hat den Mittelpunkt auf $y = 0,5\,x + 4$. Gleichung?

16. Ein Kreis hat die Gleichung $x^2 + y^2 - 8\,x - 4\,y - 5 = 0$. Wie heißt die Gleichung des Durchmessers, der mit der X-Achse den Winkel $(+45°)$ einschließt?

17. Ein Kreis geht durch $(1; 2)$; $(-3; 6)$ und hat den Radius $r = 4$ cm. Gleichung?

18. Ein Kreis berührt die Gerade $3\,y = 4\,x$ und die positive X-Achse. Der Radius ist 2 cm. Gleichung?

19. Ein Kreis geht durch $A(-6; 0)$ $C(0; 3)$ $B(6; 0)$. Radius r? Berechne die Ordinaten des Kreisbogens durch ACB für $x = 2$ und $x = 4$.

20. Der Mittelpunkt eines Kreises ist in $M(0; 12)$. Der Radius ist $r = 10$ cm. Berechne die Ordinaten des untern Halbkreises für $x = 2$; 4; 6 cm.

21. Ein Kreis mit dem Radius r hat den Mittelpunkt in $M(0; r)$. Verbinde den Punkt $A(a; 0)$ mit dem obern Endpunkt B des senkrechten Durchmessers und berechne die Koordinaten des Schnittpunktes P der Geraden AB mit dem Kreis. Beachte die Grenzwerte der Koordinaten für $a \to \infty$.

22. Ein Kreis mit dem Radius r hat den Nullpunkt zum Mittelpunkt. Verbinde die Endpunkte A und B des horizontalen Durchmessers mit dem Punkte $C(0; 2\,r)$ und berechne die Koordinaten der Schnittpunkte der Geraden AC und BC mit dem Kreis.

23. Der Kreis k_1 mit dem Radius r und dem Mittelpunkt $M_1(0; r)$ schneidet den Kreis k_2 mit dem Radius R und dem Mittelpunkt $M_2(R; 0)$ außer in O noch in einem Punkte P. Berechne die Sehne OP.

24. Gegeben: der Kreis k_1 mit dem Radius R und dem Mittelpunkt M_1 $(0; R)$. Im Punkte $A(a; 0)$ berührt ein Kreis k_2 die X-Achse, er berührt auch k_1. Berechne die Koordinaten des Berührungspunktes P_1 sowie den Radius r des Kreises k_2.

§ 24. Kreistangente.

Bedeuten $(x_1; y_1)$ die Koordinaten eines Punktes P *auf* einem Kreise, dann folgt aus dem 3. Beispiel von § 12 ohne weiteres die Gleichung der Tangente in P an den Kreis. (§ 18. 2. Beispiel.)

$$\text{Zu } x^2 + y^2 = r^2 \quad \text{gehört} \quad xx_1 + yy_1 = r^2.$$

$$\text{Zu } (x - h)^2 + (y - k)^2 = r^2 \qquad \text{gehört}$$

$$(x - h)(x_1 - h) + (y - k)(y_1 - k) = r^2.$$

$$\text{Zu } x^2 + y^2 + ax + by + c = 0 \quad \text{gehört}$$

$$xx_1 + yy_1 + a \cdot \frac{x + x_1}{2} + b\,\frac{y + y_1}{2} + c = 0.$$

1. Beispiel. An den Kreis $x^2 + y^2 = 72{,}25$ sind in den Punkten $A\,(-4;\,7{,}5)$ $B\,(7{,}5;\,4)$ Tangenten gezogen. Wie lauten die Gleichungen der Tangenten? Welchen Winkel bilden die Tangenten miteinander?

$$\text{Tangente in } A: \quad -4\,x + 7{,}5\,y = 72{,}25$$
$$\text{Tangente in } B: \quad 7{,}5\,x + \quad 4\,y = 72{,}25$$
$$\text{Steigung der 1. Tangente} = m_1 = 4:7{,}5$$
$$\text{Steigung der 2. Tangente} = m_2 = -7{,}5:4\,.$$

Da $m_1 \cdot m_2 = -1$, stehen die Tangenten aufeinander senkrecht.

2. Beispiel. In Abb. 33 ist $OA = AE$. Berechne die Koordinaten des Punktes P; ebenso die Länge der Abschnitte BC und DE, wenn CD die Tangente in P ist.

$y = 2x - r$ ist die Gleichung der Geraden AB, woraus in Verbindung mit der Kreisgleichung $x^2 + y^2 = r^2$ die Koordinaten von P gefunden werden. P hat die Koordinaten $(0{,}8\,r;\,0{,}6\,r)$. Hieraus folgt für die Tangente die Gleichung $0{,}8\ r \cdot x + 0{,}6\,r \cdot y = r^2$ oder $4\,x + 3\,y = 5\,r$. Jetzt findet man leicht

$$BC = r:2 \quad \text{und} \quad DE = r:3\,.$$

Diese Teilungen der Quadratseiten durch die Tangente in P gehen durch Parallelprojektion der Figur nicht verloren. Aus dem Viertelskreis wird eine Viertelsellipse, aus dem Quadrat ein Rechteck oder ein Parallelogramm und man hat in den Eigenschaften der Abb. 33 ein Mittel, um rasch einige Punkte mit den Tangenten zu zeichnen (Abb. 34).

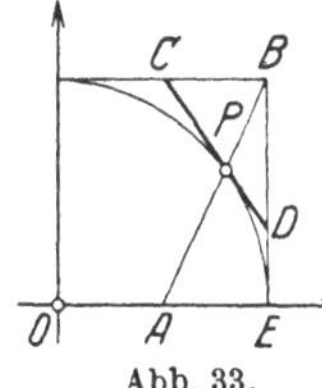

Abb. 33.

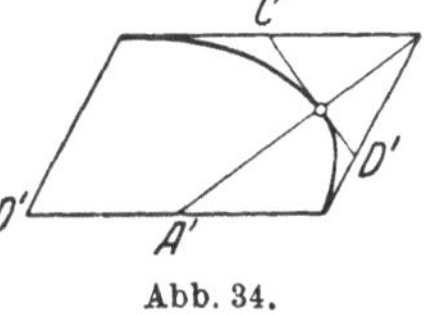

Abb. 34.

3. Beispiel. An den Kreis mit der Gleichung $x^2 + y^2 = r^2$ sollen Tangenten mit der Steigung m gezogen werden. Wie lauten ihre Gleichungen?

Eine Gerade mit der Steigung m hat die Gleichung $y = m\,x + b$, worin b noch unbestimmt ist. Wir bestimmen die Schnittpunkte der Geraden mit dem Kreis. Durch Elimination von y findet man

$$x = \frac{-\,bm \pm \sqrt{b^2 m^2 - (1 + m^2)(b^2 - r^2)}}{1 + m^2}\,.$$

Soll die Gerade eine Tangente sein, so müssen die Abszissen x der Schnittpunkte übereinstimmen; das ist der Fall, wenn

$$b^2 m^2 - (1 + m^2)(b^2 - r^2) = 0 \text{ ist.}$$

Hieraus aber folgt $b = \pm\,r\sqrt{1 + m^2}$. Somit lauten die Gleichungen der Tangenten

$$y = m\,x + r \cdot \sqrt{1 + m^2}$$

und

$$y = m\,x - r \cdot \sqrt{1 + m^2}\,.$$

4. Beispiel. Bedeuten $(x_1;\,y_1)$ die Koordinaten eines Punktes P_1 der *nicht* auf dem Kreise liegt, dann haben die Gleichungen

$$x x_1 + y y_1 = r^2; \quad (x - h)(x_1 - h) + (y - k)(y_1 - k) = r^2$$

und

$$x x_1 + y y_1 + a\,\frac{x + x_1}{2} + b\,\frac{y + y_1}{2} + c = 0$$

dennoch eine geometrische Bedeutung. Wenn P_1 außerhalb des Kreises liegt, dann sind es die Gleichungen der *Berührungssehnen*, d. h. jener Geraden, welche die Berührungspunkte jener Tangenten miteinander verbindet, die man von P_1 an den Kreis ziehen kann.

Aus
$$x\,x_1 + y\,y_1 = r^2$$
und
$$x^2 + y^2 = r^2$$
folgen dann z. B. die Koordinaten der Berührungspunkte.

5. Beispiel. Setzt man in die drei Gleichungen

$$x^2 + y^2 - r^2 = 0; \quad (x-h)^2 + (y-k)^2 - r^2 = 0; \quad x^2 + y^2 + a\,x + b\,y + c = 0$$

links die Koordinaten irgend eines Punktes P_1 *außerhalb* eines Kreises ein, dann haben die Gleichungspolynome links nicht den Wert Null, sondern einen positiven Wert, der nichts anderes bedeutet, als das *Quadrat des Tangentenabschnitts* vom Punkte biš zum Berührungspunkt, was sich an Hand einer Figur leicht erkennen läßt. Zieht man z. B. vom Punkte $(5; 2)$ die Tangenten an den Kreis $x^2 + y^2 - 4 = 0$, dann haben die Tangentenabschnitte die Länge $\sqrt{5^2 + 2^2 - 4} = 5$.

Übungen.

1. In den Schnittpunkten der Geraden $2\,x + y = 10$ mit dem Kreise $x^2 + y^2 = 25$ werden die Tangenten gezogen. Bestimme die Gleichungen der Tangenten und den Winkel zwischen den Tangenten.

2. An den Kreis $x^2 + y^2 = 16$ sind Tangenten zu ziehen, die der Geraden $y = 2\,x + 8$ parallel sind. Wie lauten ihre Gleichungen?

3. In den Schnittpunkten des Kreises $x^2 - 6\,x + y^2 + 4\,y = 0$ mit der X-Achse sind an den Kreis die Tangenten gezogen. Gleichungen?

4. Wie lauten die Gleichungen der Tangenten, die vom Nullpunkt aus an den Kreis $x^2 + y^2 - 16\,x + 48 = 0$ gezogen werden können?

5. An den Kreis $x^2 + y^2 - 4\,x - 2\,y - 20 = 0$ sollen in den Kreispunkten mit der Abszisse $x = 6$ die Tangenten gezogen werden. Gleichungen?

6. Bestimme in $y = -\,x + b$ die Größe b so, daß die Gerade Tangente wird an den Kreis $x^2 + y^2 - 8\,x - 8\,y + 7 = 0$.

7. Wie lang sind die Tangenten vom Punkte $P(8; 1)$ an den Kreis $x^2 + y^2 = 16$?

8. Beweise: Die Tangenten, die man von $P(9; 2)$ an den Kreis $x^2 + y^2 - 4\,x - 6\,y - 12 = 0$ ziehen kann, haben die Gleichungen $4\,x + 3\,y = 42$ und $3\,x - 4\,y = 19$ und schließen einen Winkel von $90°$ ein.

9. Beweise: Von O aus lassen sich zwei Tangenten an den Kreis $x^2 + y^2 - 16\,x - 2\,y + 49 = 0$ ziehen; ihre Gleichungen lauten $y = \dfrac{3}{4}\,x;$ $y = -\dfrac{5}{12}\,x$ und der Winkel zwischen beiden ist $59° \, 30'$.

10. Im Hinblick auf eine spätere einfache Ellipsenkonstruktion sei hier auf eine Tangenteneigenschaft beim Kreise hingewiesen. Es sei $AC = u$; $EB = v$; dann ist $AB = u + v$; aus dem schraffierten Dreieck folgt

$$(r - u)^2 + (r - v)^2 = (u + v)^2, \text{ woraus folgt}$$

$$v = r\,\frac{r - u}{r + u}\,. \tag{1}$$

Nun ist PF parallel OA; berechnet man die Abszisse des Punktes D, des Schnittpunktes von PF mit der Diagonale EC, dann findet man für die Abszisse von D gerade den Wert v. *BD ist also parallel zu OE.* Um also von A aus die Tangente an den Kreis zu ziehen, ziehe man durch F eine Parallele zu OA, das gibt D; ziehe DB parallel OE. AB ist die Tangente mit dem Berührungspunkte P. Durch Parallelprojektion entsteht aus dem Kreise eine Ellipse und die Abb. 35 gibt dann eine Tangentenkonstruktion für die Ellipse (s. Abb. 85).

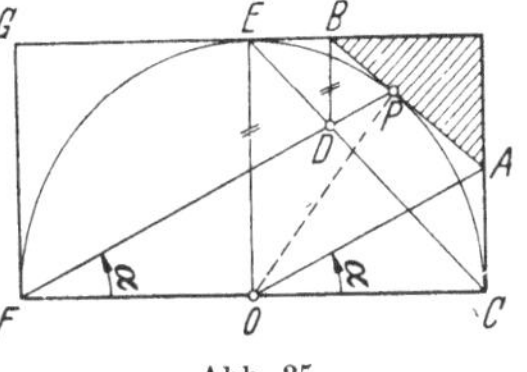

Abb. 35.

§ 25. Kreisbüschel.

Die sämtlichen Kreise einer Ebene, die durch zwei feste Punkte A und B gehen, nennt man ein Kreisbüschel. Mit k_1 und k_2 bezeichnen wir die linken Seiten der Kreisgleichungen

$$x^2 + y^2 + a_1 x + b_1 y + c_1 = 0$$
$$x^2 + y^2 + a_2 x + b_2 y + c_2 = 0\,.$$

Es sind also $k_1 = 0$ und $k_2 = 0$ die Gleichungen zweier Kreise. Wir behaupten nun: Es ist auch

$$k_1 + n k_2 = 0\,,$$

worin n eine beliebige reelle Zahl bedeutet, die Gleichung eines Kreises, und zwar geht dieser Kreis durch die Schnittpunkte der beiden Kreise $k_1 = 0$ und $k_2 = 0$.

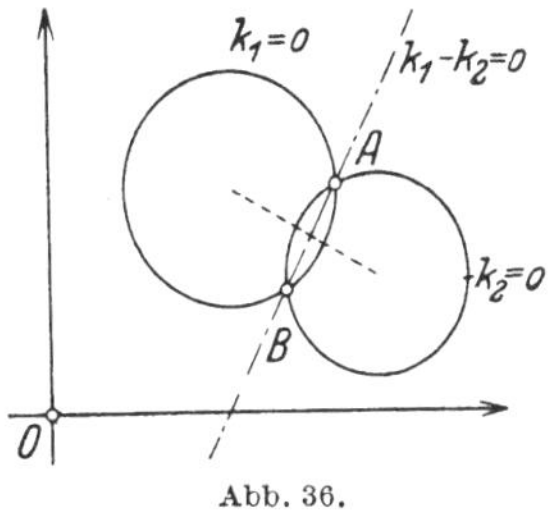

Abb. 36.

Schreibt man nämlich für k_1 und k_2 die ausführlichen Werte in x, y, so erhält man in $k_1 + n k_2 = 0$ eine Gleichung, in welcher die Koeffizienten der Glieder mit x^2 und y^2 übereinstimmen, ferner fehlt das Glied $x \cdot y$; also ist $k_1 + n k_2 = 0$ die Gleichung eines Kreises. Für die Koordinaten von A und B werden k_1 und k_2 einzeln gleich Null, also ist auch $k_1 + n k_2 = 0$, d. h. der Kreis geht auch durch die Punkte A und B (Abb. 36).

1. Beispiel. Durch die Schnittpunkte der beiden Kreise $x^2 + y^2 = 16$ und $x^2 + y^2 - 8x - 6y + 9 = 0$ und durch den Nullpunkt soll ein Kreis gelegt werden. Wie heißt seine Gleichung?

Die Gleichung des gesuchten Kreises ist in der Form enthalten

$$x^2 + y^2 - 16 + n(x^2 + y^2 - 8x - 6y + 9) = 0.$$

Da der Kreis durch O geht, so muß sein

$$-16 + n \cdot 9 = 0 \quad \text{oder} \quad n = \frac{16}{9}.$$

Somit lautet die Gleichung des Kreises

$$25(x^2 + y^2) - 128x - 96y = 0.$$

2. Beispiel. Welche Bedeutung hat die Gleichung $k_1 + nk_2 = 0$ für $n = -1$? — Es ist $k_1 - k_2 = 0$, also

$$(a_1 - a_2)x + (b_1 - b_2)y + c_1 - c_2 = 0,$$

dies ist aber die Gleichung einer Geraden und da sie durch A und B geht, so ist dies die Gleichung der gemeinsamen Sehne.

Übungen.

1. Bestimme den Ort aller Punkte, von denen aus an die beiden Kreise $K_1 = 0$; $K_2 = 0$ gleichlange Tangenten gezogen werden können. — Es sei K_1 die Form $(x - h_1)^2 + (y - k_1)^2 - r_1^2$ und K_2 die Form $(x - h_2)^2 + (y - k_2)^2 - r_2^2$. Der gesuchte Ort ist eine gerade Linie, die man *Potenzlinie* nennt; sie steht senkrecht auf der Verbindungslinie der Mittelpunkte der Kreise.

2. Bestimme die Gleichung der gemeinsamen Sehne der Kreise $x^2 + y^2 - 4x - 4y - 8 = 0$ und $x^2 + y^2 - 12x + 4y + 15 = 0$. Welches sind die Koordinaten der Schnittpunkte?

3. Ein Kreis geht durch die Schnittpunkte der Kreise in Aufgabe 2 und hat den Mittelpunkt auf der Y-Achse. Gleichung des Kreises?

4. Zeichne im gleichen Koordinatensystem Kreise, die der Gleichung $x^2 + y^2 - 2hx - 9 = 0$ entsprechen für $h = 0$; ± 1; ± 2; ± 3; . . . . . Ebenso $x^2 + y^2 - 2hx + 9 = 0$ für $h = \pm 3$; ± 4; ± 5.

5. Wie heißt die Gleichung des Kreises durch die Schnittpunkte von $x^2 + y^2 - 6x = 0$ und $x^2 + y^2 - 4 = 0$ und den Punkt $P(2; -2)$?

6. Der Kreis durch die Schnittpunkte von $x^2 + y^2 - 6x - 10y - 15 = 0$ und $x^2 + y^2 + 2x + 4y - 20 = 0$ und durch O hat die Gleichung

$$x^2 + y^2 - 30x - 52y = 0.$$

§ 26. Polargleichung des Kreises.

Läßt man die Nullachse p mit der X-Achse, den Pol mit dem Ursprung O zusammenfallen, dann erhält man die Polargleichung des Kreises, indem man in Gl. (1) § 22 x ersetzt durch $\varrho \cos \alpha$ und y durch $\varrho \sin \alpha$. Sehr oft kann man die Polargleichung mit Hilfe einer Figur unmittelbar hinsetzen.

Ist z. B. der Mittelpunkt M des Kreises (r) durch $OM = a$ und φ_0 festgelegt, dann liest man aus dem Dreieck OP_2M (Abb. 37) ab:

$$r^2 = a^2 + \varrho^2 - 2\,a\varrho \cos (\alpha - \varphi_0) \qquad \text{oder}$$

$$\varrho^2 - 2\,a\varrho \cos (\alpha - \varphi_0) + a^2 - r^2 = 0\,.$$

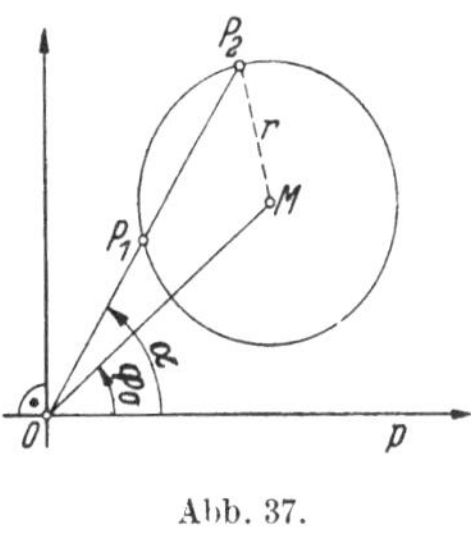

Abb. 37.

Dies ist die gesuchte Polargleichung; sie ist vom 2. Grade in ϱ, d. h. zu einem Winkel α gehören höchstens zwei Werte ϱ. — Verschiedene häufig vorkommende besondere Fälle enthalten die folgenden Beispiele. Man kann dabei auch von der allgemeinen Gleichung $(x - h)^2 + (y - k)^2 = r^2$ ausgehen.

1. Beispiel. Der Pol O liegt auf dem Kreis; der durch O gehende Durchmesser ist die Polarachse. Hier ist $h = r;\ k = 0$, somit

$$\varrho^2 - 2\,\varrho\,r \cos\alpha = 0 \quad \text{oder} \quad \varrho\,(\varrho - 2\,r \cdot \cos\alpha) = 0\,.$$

Da O auf dem Kreis liegt, ist ein Wert ϱ beständig gleich Null. Der andere Wert ergibt sich aus

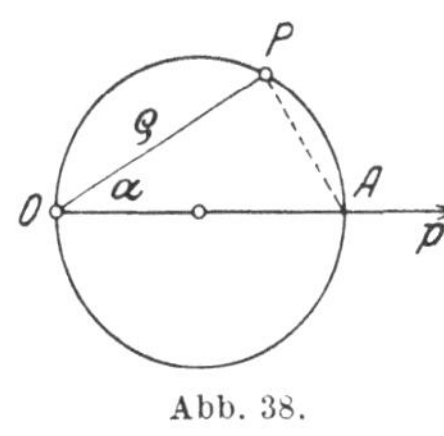

Abb. 38.

$$\varrho = 2\,r \cdot \cos\alpha\,.$$

Dies ist die Polargleichung des Kreises, die auch aus dem Dreieck OAP unmittelbar abgelesen werden kann (Abb. 38).

2. Beispiel. Der Pol liegt auf dem Kreis; die Polarachse schließt mit dem durch

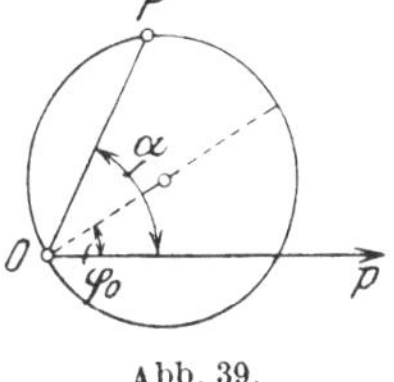

Abb. 39.

O gehenden Durchmesser einen Winkel φ_0 ein (Abb. 39). Wir ersetzen in Beispiel 1 den Winkel α durch $\alpha - \varphi_0$.

$$\varrho = 2\,r \cdot \cos (\alpha - \varphi_0)\,.$$

3. Beispiel. Der Pol liegt nicht auf dem Kreis; die Polarachse ist der durch O gehende Durchmesser.

Hier ist $h = a;\ k = 0$; somit

$$\varrho^2 - 2\,a\varrho \cos\alpha + a^2 - r^2 = 0\,.$$

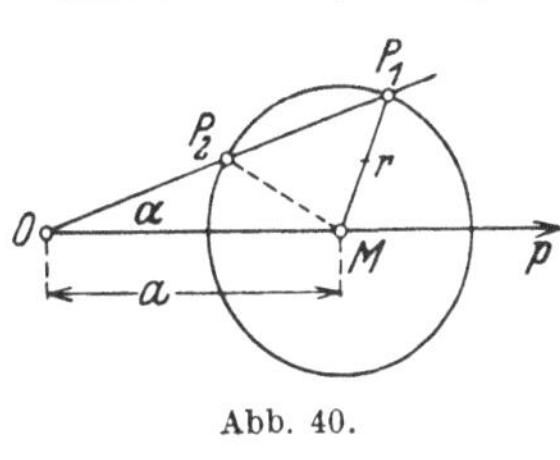

Abb. 40.

Zu dieser Gleichung kommt man auch unmittelbar, wenn man den Kosinussatz auf das Dreieck OMP_1 anwendet (Abb. 40).

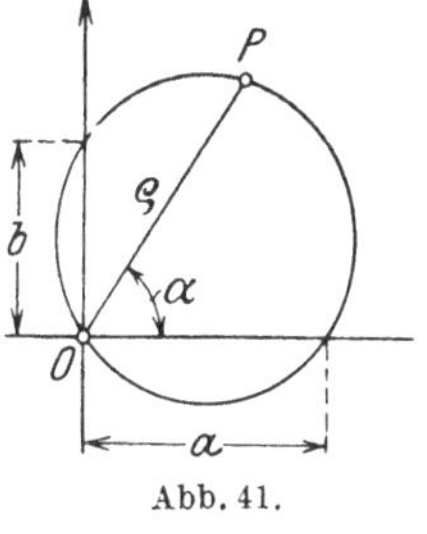

Abb. 41.

4. Beispiel. Ein Kreis geht durch O und schneidet auf den Koordinatenachsen die Strecken a und b ab (Abb. 41). Hier ist

$$h = \frac{a}{2} \quad \text{und} \quad k = \frac{b}{2}; \quad r^2 = \frac{a^2 + b^2}{4} \cdot$$

somit $\qquad \varrho^2 - \varrho\,(a \cos\alpha + b \sin\alpha) = 0$

oder $\qquad \varrho = a \cos\alpha + b \sin\alpha\,.$

Übungen.

1. Der Radius eines Kreises ist 5 cm; die Entfernung des Pols vom Mittelpunkt M beträgt 10 cm. $OM = $ Polarachse. Wie heißt die Polargleichung des Kreises? Berechne die Werte ϱ für $\alpha = \pm\,0°,\,5°,\,10°$ bis $30°$.

2. Trage auf den positiven Koordinatenachsen von O aus ab: auf der X-Achse $OA = a$, auf der Y-Achse $OB = b$. Ziehe durch O eine beliebige Gerade g. Fälle von A und B Lote $A P_1$ und $B P_2$ auf g. Welches ist der Ort der Mittelpunkte P der Strecken $P_1 P_2$?

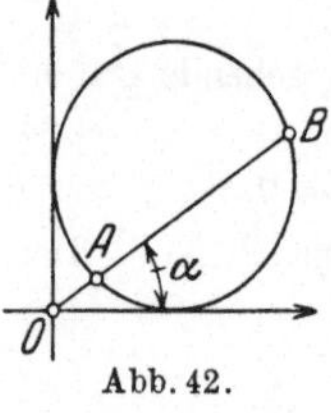

3. Ein Kreis mit Radius r berührt die Koordinatenachsen. Berechne $A B = s$ = Sehne in Funktion von r und α (Abb. 42).

Abb. 42.

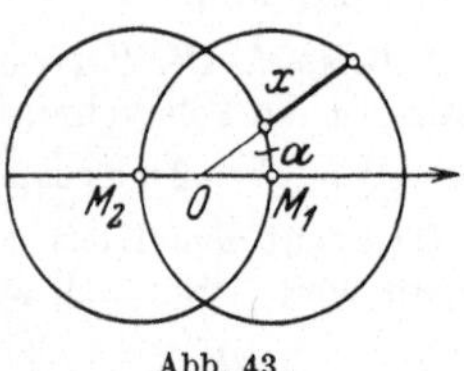

Abb. 43.

4. Zwei gleich große Kreise mit Radius r sind gegeben (Abb. 43). Der Mittelpunkt des einen liegt auf der Peripherie des andern. $OM_1 = OM_2$; $O = $ Pol; $M_1 M_2 = $ Polarachse. Beweise $x = r \cos\alpha$. (x ist negativ im sichelförmigen Stück links.)

5. Eine kleine Veränderung gegenüber Übung 4. $M_1 M_2 = 2\,a$, statt r. Die Radien der gleichen Kreise seien r. Dann findet man $x = 2\,a \cos\alpha$.

6. Berechne die Länge der gemeinsamen Sehne in den Kreisen $\varrho = 60 \cos\alpha$ und $\varrho = 40 \cos(\alpha - 30°)$. Man findet $\varrho = 37{,}16$.

7. Bestimme, durch Zurückgehen zu rechtwinkligen Koordinaten, die Lage der folgenden Kreise:

a) $\varrho^2 + 2\,\varrho \cos\varphi - 2\,\varrho \sin\varphi = 7\,.$

b) $\varrho^2 - 6\,\varrho \cos\varphi - 8\,\varrho \sin\varphi = 11\,.$

c) $\varrho = \cos\varphi + \sin\varphi\,.$

8. Einige *Parameterdarstellungen* des Kreises:

a) Aus $\left. \begin{array}{l} x = a \cos\alpha \\ y = a \sin\alpha \end{array} \right\}$ folgt durch Quadrieren und Addieren $\quad x^2 + y^2 = a^2.$

b) Ist der Mittelpunkt des Kreises in $M\,(h;\,k)$, so ist
$$\left. \begin{array}{l} x = h + r \cdot \cos\alpha \\ y = k + r \cdot \sin\alpha \end{array} \right\}$$

Läßt man aber α konstant und betrachtet r als Hilfsveränderliche, so sind die zwei nämlichen Gleichungen eine Parameterdarstellung der Geraden durch den Punkt $(h;\,k)$ und dem Steigungswinkel α.

9. Ersetze in $x^2 + y^2 + a x + b y + c = 0$, die Koordinaten durch $x = x_0 + \varrho \cos\alpha;\, y = y_0 + \varrho \sin\alpha$ und bilde das Produkt $\varrho_1 \varrho_2$ der Wurzeln der quadratischen Gleichung. Man findet

$$\varrho_1 \varrho_2 = x_0^2 + y_0^2 + a x_0 + b y_0 + c = t^2$$

(unabhängig von α, aber konstant). Sehnensatz! $t = $ Tangentenabschnitt.

10. Ein Punkt P bewege sich so in der Ebene, daß das *Verhältnis e* seiner Abstände von zwei festen Punkten A und B beständig dasselbe bleibt. Wie bewegt sich der Punkt?

Wir wählen den Mittelpunkt der Strecke $AB = 2a$ zum Nullpunkt O; die X-Achse legen wir in die Gerade AB.

Der Punkt P habe die Koordinaten $(x; y)$. Dann ist $AP^2 = (x - a)^2 + y^2$; $BP^2 = (x + a)^2 + y^2$ und da $AP : BP = e$ ist,

$$\frac{(x - a)^2 + y^2}{(x + a)^2 + y^2} = e^2,$$

woraus man findet

$$(1 - e^2)(x^2 + y^2) - 2a(1 + e^2)x + a^2(1 - e^2) = 0.$$

Dies ist die Gleichung eines Kreises, dessen Mittelpunkt auf der X-Achse liegt. Der gesuchte Ort ist demnach ein Kreis. Für $e = 0{,}5$; $AB = 6$ cm, wird $r = 4$ cm; $h = 5$; $k = 0$.

11. Welches ist der Ort aller Punkte P, von denen aus eine Strecke a unter dem gleichen Winkel α gesehen wird?

Wähle wieder den Mittelpunkt von $AB = a$ zum Nullpunkt und AB zur X-Achse. Beachte $\operatorname{tg}\alpha = -\operatorname{tg}(\beta + \gamma) = \ldots$

12. Errichte im Punkte $A(a; 0)$ ein Lot zur X-Achse. Ziehe durch O eine beliebige Gerade, die dieses Lot in B trifft. Wo liegen alle Punkte P auf OB, für welche $OP \cdot OB = a^2$ ist?

13. Ein Punkt bewegt sich so, daß das Quadrat seiner Distanz von der Basis eines gleichschenkligen Dreiecks gleich ist dem Produkt seiner Abstände von den anderen Seiten. Wie bewegt sich der Punkt? (Halbe Grundlinie $= a$; Winkel der Schenkel mit der Basis sei α. O in der Mitte der Grundlinie.)

VI. Die Parabel.

§ 27. Definition. Scheitelgleichung.

Bewegt sich ein Punkt so in einer Ebene, daß er von einem festen Punkte F und einer festen Geraden l immer dieselbe Entfernung hat, so beschreibt er eine Parabel. F heißt der „Brennpunkt", l die „Leitlinie".

Hieraus folgt eine erste *Konstruktion* der Parabel (Abb. 44). Hat man im Abstande r von l zu l eine Parallele g gezogen, so schlage man um F einen Kreis k

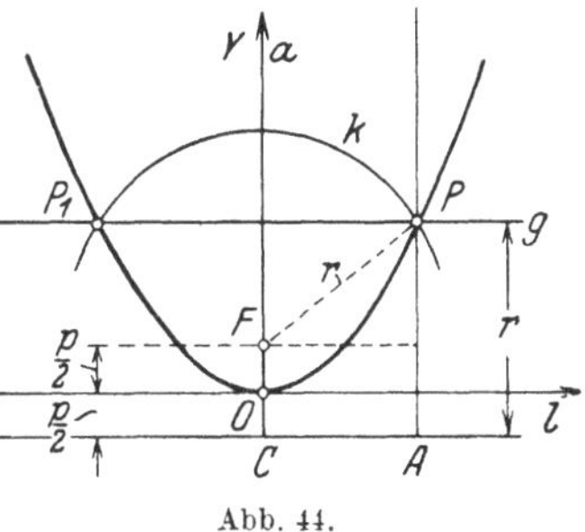

Abb. 44.

mit dem Radius r. Die Schnittpunkte P und P_1 von g und k sind offenbar Punkte der Parabel.

Wir ziehen durch F ein Lot auf l. Der Mittelpunkt der Strecke FC ist der tiefste Punkt O der Parabel; er heißt „Scheitel". Den Abstand FC nennt man den „Halbparameter" und bezeichnet ihn mit p. Aus der Konstruktion folgt die Symmetrie der Kurve bezüglich der Geraden a durch F und C. a heißt die „Achse" der Parabel. PF heißt „Brennstrahl". Jede durch einen Kurvenpunkt gehende Parallele zur Parabelachse heißt „Durchmesser".

Wir wählen O zum Ursprung eines rechtwinkligen Koordinatensystems; die Scheiteltangente zur X-Achse; die Parabelachse zur Y-Achse. Da $PF = PA$ ist, erfüllen die Koordinaten $(x; y)$ von P die Gleichung

$$\sqrt{\left(y - \frac{p}{2}\right)^2 + x^2} = y + \frac{p}{2},$$

woraus durch Quadrieren und Vereinfachen folgt

$$y = \frac{1}{2\,p} \cdot x^2.$$

Dies ist die Scheitelgleichung der Parabel. Aus der Gleichung erkennt man wiederum die Symmetrie der Kurve bezüglich der Y-Achse. Die Kurve liegt nur oberhalb der X-Achse, da kein y negativ wird. Die Form der Kurve hängt nur von p ab. Wir setzen

$$a = \frac{1}{2\,p}.$$

Dadurch geht die Gleichung über in

$$y = a\,x^2.$$

Je größer a, desto steiler ist die Parabel, desto näher ist der Brennpunkt beim Scheitel. Je nachdem a positiv oder negativ ist, ist die Parabel nach oben oder nach unten geöffnet. Vertauscht man ferner noch x mit y, so kommt man zu den in der Abb. 45 dargestellten vier *Hauptlagen* der Parabel gegenüber dem Koordinatensystem.

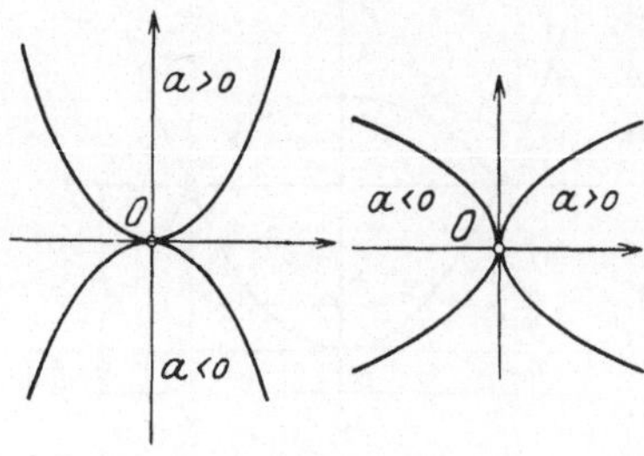

Abb. 45.

1. Beispiel. Die X-Achse sei die Scheiteltangente, der Scheitel sei der Nullpunkt. Wie heißt die Gleichung der Parabel durch den Punkt (10; 10)?

Die Parabelgleichung hat die Form $y = a x^2$. Da der Punkt (10; 10) auf der Kurve liegt, ist $10 = 100a$, somit $a = 0{,}1$ und die Parabel hat die Gleichung $y = 0{,}1\, x^2$. Man zeichne die Parabel von $x = -10$ bis $x = +10$. Wo liegt der Brennpunkt? Es ist $a = \dfrac{1}{2\,p} = 0{,}1 = \dfrac{1}{10}$, somit $\dfrac{p}{2} = OF = 2{,}5$ cm.

2. Beispiel. Die Parabel von der Gleichungsform $y = a x^2$ geht durch den Punkt $(x_1; y_1)$. Wie heißt die Gleichung der Parabel?

Es ist $y_1 = a x_1{}^2$; somit $a = \dfrac{y_1}{x_1{}^2}$; also lautet die Gleichung

$$y = \frac{y_1}{x_1{}^2} \cdot x^2 \,.$$

Schreibt man die Gleichung in der Form

$$\frac{y}{y_1} = \frac{x^2}{x_1{}^2},$$

so heißt das: In jeder Parabel verhalten sich die Abstände der Parabelpunkte von der Scheiteltangente wie die Quadrate der Abstände von der Parabelachse.

§ 28. Eine einfache Konstruktion der Parabel.

Aus dem zweiten Beispiel folgt eine sehr gute Konstruktion der Parabel, wenn der Scheitel, die Scheiteltangente und ein Punkt gegeben sind (Abb. 46).

P sei der gegebene Punkt, g eine beliebige Parallele zur Parabelachse. Ziehe OP; g schneidet OP in A. Ziehe AB parallel zur Scheiteltangente. B mit O verbunden liefert den gesuchten Punkt C der Parabel auf g.

Beweis: Aus der Ähnlichkeit der Dreiecke OCR und OBQ folgt:

$$\frac{y}{x} = \frac{u}{x_1};$$

aus ORA und OPQ folgt:

$$\frac{u}{x} = \frac{y_1}{x_1}.$$

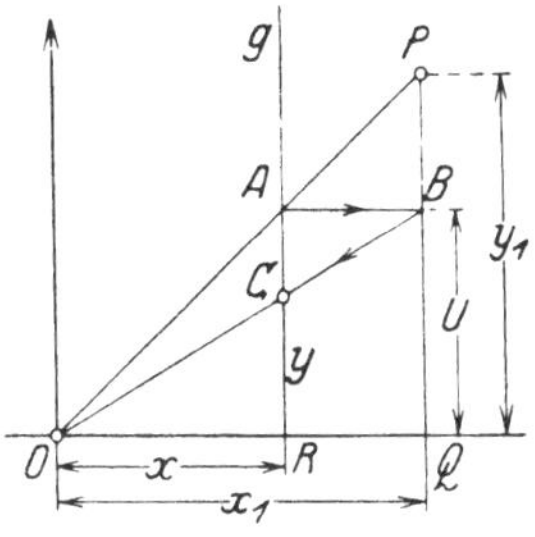

Die Multiplikation der Gleichungen ergibt

$$y = \frac{y_1}{x_1^2} \cdot x^2;$$

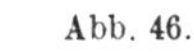
Abb. 46.

das ist genau der im 2. Beispiel berechnete Wert y, der zu x gehört.

Zeichne ein Beispiel für $P(10; 16)$. Konstruiere und berechne nachträglich die Ordinaten, die zu $x = 2; 4; \ldots 12$ gehören.

§ 29. Parallele Sehnen.

Wir bestimmen die Schnittpunkte einer Geraden $y = mx + b$ mit der Parabel $y = ax^2$. Die Koordinaten der Punkte müssen beide Gleichungen erfüllen; es ist somit $ax^2 = mx + b$, also

$$x_1 = \frac{m + \sqrt{m^2 + 4ab}}{2a},$$

$$x_2 = \frac{m - \sqrt{m^2 + 4ab}}{2a}.$$

Dies sind die Abszissen der Schnittpunkte. Es gibt höchstens zwei Schnittpunkte; sie sind reell und verschieden; reell und zusammenfallend oder schließlich imaginär, je nachdem $m^2 + 4ab$ größer, gleich oder kleiner als Null ist. Für den Fall der *Tangente* ist $m^2 + 4ab = 0$, und die Abszisse des Berührungspunktes ist $x = m : 2a$. Schneidet aber die Gerade die Parabel, so ist $x_1 + x_2 = m : a$ oder

$$\frac{x_1 + x_2}{2} = \frac{m}{2a}.$$

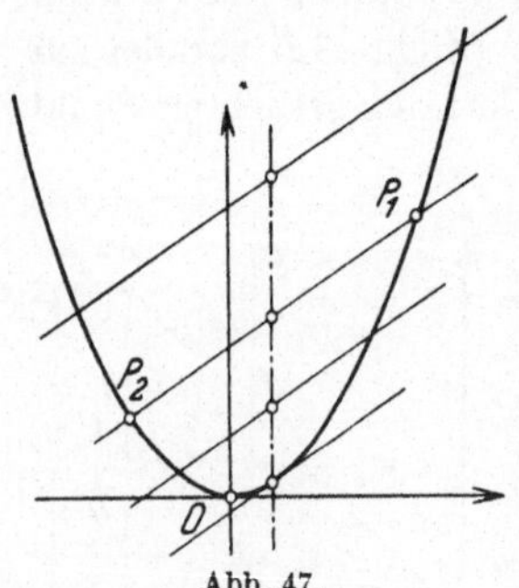

Abb. 47.

Dies ist aber die Abszisse des Mittelpunktes der Strecke $P_1 P_2$; sie ist unabhängig von b, d. h. zieht man mehrere parallele Gerade $y = mx + b_1$; $y = mx + b_2$ usf., so liegen die Mittelpunkte der Sehnen im gleichen Abstande $m : 2a$ von der Achse der Parabel, oder: die Mittelpunkte paralleler Sehnen liegen immer auf einem Durchmesser der Parabel (Abb. 47).

§ 30. Gleichung der Tangente. Tangenteneigenschaften.

Abszisse des Berührungspunkts und Steigung der Tangente sind nach § 29 verbunden durch die Gleichung $x_1 = m : 2a$. Ist

daher x_1 gegeben, so ist die Steigung der Tangente im entsprechenden Parabelpunkt gegeben durch
$$m = 2\,a\,x_1.$$
Also lautet die Gleichung der Tangente, von der man den Berührungspunkt und die Steigung kennt, nach § 10, 7. Beispiel:
$$y - y_1 = 2\,a\,x_1\,(x - x_1).$$
Nach § 18 könnte hierfür auch geschrieben werden
$$y + y_1 = 2\,a\,x\,x_1,$$
denn $y_1 = a\,x_1^2$.

Es folgen nun sehr beachtenswerte Eigenschaften der Parabeltangenten.

Wir berechnen zunächst die Abschnitte OA und OB (Abb. 48) auf den Koordinatenachsen. Für den Punkt A ist $y = 0$ und $OA = x$, somit $-y_1$
$$= 2\,a\,x_1\,(OA - x_1)$$
oder

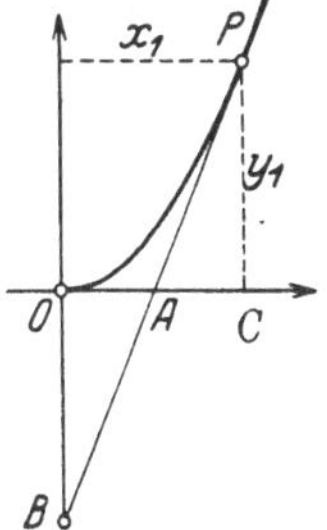

$$OA - x_1 = -\frac{y_1}{2\,a\,x_1} = -\frac{a\,x_1^2}{2\,a\,x_1} = -\frac{x_1}{2};$$
also
$$OA = \frac{x_1}{2}.$$

Die Dreiecke OAB und ACP sind somit kongruent, also ist
$$OB = -\,y_1.$$

Abb. 48.

Also: a) Jede Tangente trifft die Scheiteltangente in einem Punkte (A), der vom Scheitel halb so weit entfernt ist, wie der Berührungspunkt (P) von der Parabelachse.

b) Jede Tangente trifft die Parabelachse in einem Punkte, der vom Scheitel ebenso weit entfernt ist, wie der Berührungspunkt von der Scheiteltangente.

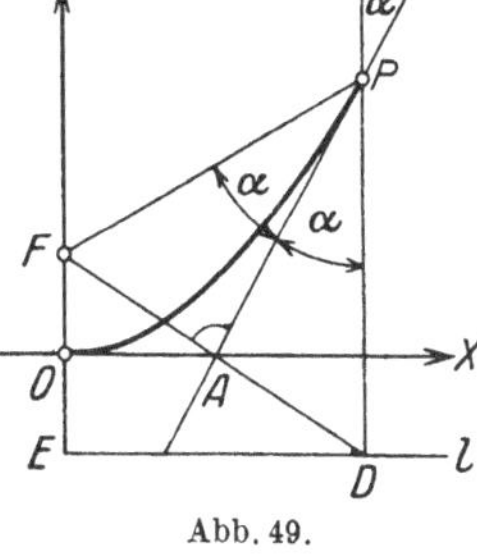

a) und b), hauptsächlich a), können zur Konstruktion der Tangenten verwertet werden.

Abb. 49.

Verbindet man den Brennpunkt F (Abb. 49) mit dem zu P gehörigen Punkt D auf der Leitlinie, so geht die Strecke FD, weil $OF = OE = \frac{p}{2}$ ist, auch durch den Punkt A, und weil $PF = PD$ und $AF = AD$, ist PA senkrecht zu FD; also:

c) Das Lot im Schnittpunkte einer beliebigen Tangente mit der Scheiteltangente geht immer durch den Brennpunkt.

Ferner ist $\sphericalangle FPA = \sphericalangle APD$, d. h.:

d) Jede Tangente bildet mit dem Brennstrahl und dem durch den Berührungspunkt gehenden Durchmesser gleiche Winkel.

Sind
$$y - y_1 = 2\,a\,x_1\,(x - x_1)$$
$$\text{und } y - y_2 = 2\,a\,x_2\,(x - x_2)$$

die Gleichungen zweier Parabeltangenten (Abb. 50), so genügen die Koordinaten des Schnittpunktes C beiden Gleichungen. Um die Abszisse des Punktes C zu finden, subtrahieren wir die erste Gleichung von der zweiten.

$$y_1 - y_2 = 2\,a\,x\,(x_2 - x_1) - 2\,y_2 + 2\,y_1;$$

somit

$$x = \frac{y_2 - y_1}{2\,a\,(x_2 - x_1)} = \frac{a\,x_2^2 - a\,x_1^2}{2\,a\,(x_2 - x_1)} = \frac{x_2 + x_1}{2}.$$

Dies ist aber auch die Abszisse des Mittelpunktes M der Sehne AB; der Durchmesser durch M hat die Gleichung $x = \dfrac{x_1 + x_2}{2}$, also:

e) Die Tangenten in den Endpunkten einer beliebigen Sehne schneiden sich in einem Punkte jenes Durchmessers, der diese Sehne halbiert, oder: die Verbindungslinie des Schnittpunktes zweier Tangenten mit dem Mittelpunkt der Berührungssehne ist ein Durchmesser der Parabel. — Man kann dem Satze offenbar auch die folgende Fassung geben:

f) Zieht man von einem Punkte (C) zwei Tangenten an eine Parabel, so sind die *Projektionen* der Tangentenabschnitte (AC und BC) auf die Scheiteltangente oder eine Parallele dazu *gleich lang* (Abb. 50).

Es sei EF eine beliebige dritte

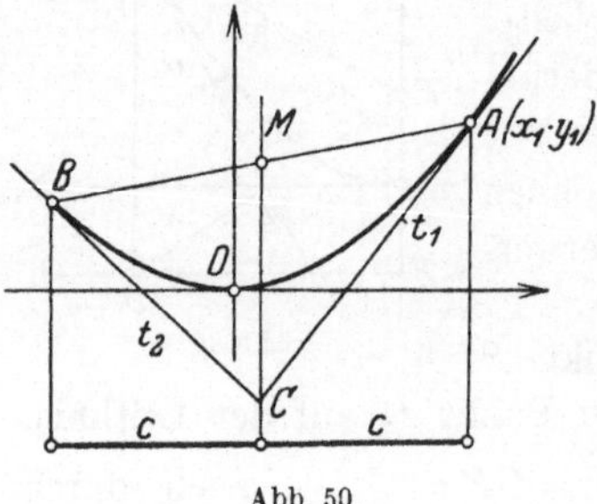

Abb. 50.

Tangente (Abb. 51). Die Projektionen der Tangenten AC und BC haben die gleiche Länge c. Die von E ausgehenden Tangentenabschnitte haben nach f) wiederum gleiche Längen (v) der Projektionen. Ebenso sind auch für die beiden von F ausgehenden Tangentenabschnitte die Projektionen (u) gleich lang, dann ist

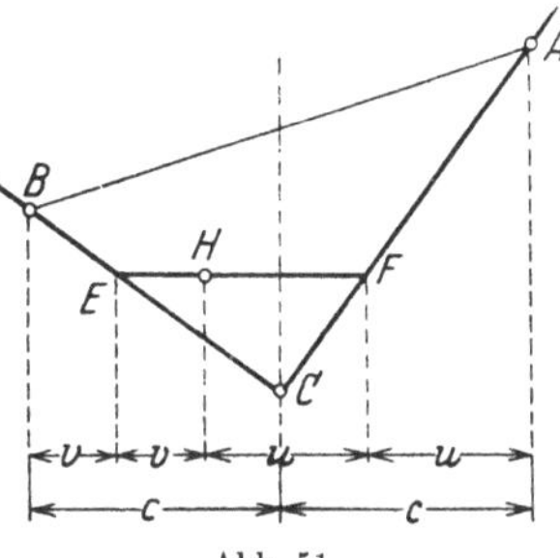
Abb. 51.

$$2\,v + 2\,u = 2\,c$$
$$\text{oder}\quad u + v = c;$$

d. h. aber:

g) Werden zwei beliebige Tangenten t_1, t_2 von einer beweglichen Tangente t_3 geschnitten und projiziert man den auf t_3 liegenden Abschnitt (EF) auf die Scheiteltangente, so erhält man eine Projektion von konstanter Länge (c).

Daraus ergibt sich unmittelbar

$$BE : EC = CF : FA, \text{ d. h.:}$$

h) Eine bewegliche Tangente schneidet zwei feste Tangenten so, daß sich die Abschnitte auf der einen umgekehrt verhalten, wie die entsprechenden Abschnitte auf der andern.

Wählt man speziell $v = \dfrac{c}{2}$, so ist auch $u = \dfrac{c}{2}$, d. h. (Abb. 52):

i) Die Verbindungslinie der Mittelpunkte zweier Tangentenabschnitte ist wieder eine Tangente. Der Berührungspunkt liegt

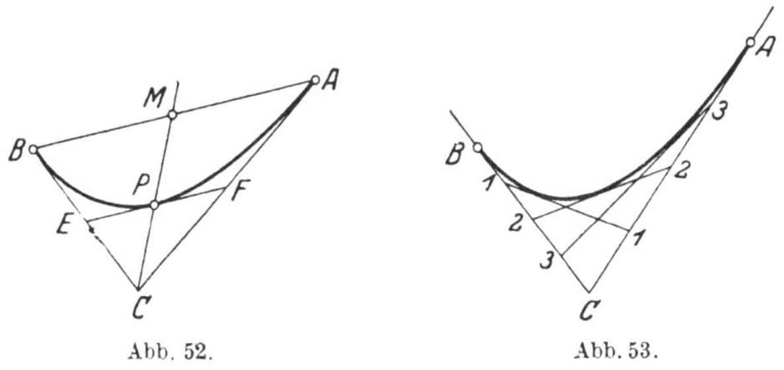
Abb. 52.   Abb. 53.

in der Mitte der Verbindungsstrecke, d. h. auf dem Durchmesser, welcher den Schnittpunkt der Tangenten mit dem Mittelpunkte der Berührungssehne verbindet.

Auf den Sätzen g) bis i) beruhen die in den Abb. 52 und 53

dargestellten *Konstruktionen der Parabel aus zwei Tangenten und ihren Berührungspunkten* (Abb. 53).

§ 31. Normale und Subnormale.

Das Lot auf eine Tangente durch den Berührungspunkt heißt eine „Normale der Kurve". Die Steigung der Tangente ist $2\,a\,x_1$, somit jene des Lotes $-1 : 2\,a\,x_1$, und die Gleichung der Normalen lautet:

$$y - y_1 = -\frac{1}{2\,a\,x_1}\,(x - x_1)\,.$$

„Subnormale" nennt man die Projektion RN des Normalenabschnittes PN auf die Parabelachse. Wie lang ist RN? Für N ist $x = 0$ und $y = y_1 + RN$, somit nach der Gleichung der Normalen

$$y_1 + NR - y_1 = -\frac{1}{2\,a\,x_1}\,(-x_1)$$

$$= \frac{1}{2\,a} = p\,,$$

also $RN = p$; d. h.: Für alle Punkte der Parabel ist die Subnormale konstant, gleich dem Halbparameter p (Abb. 54).

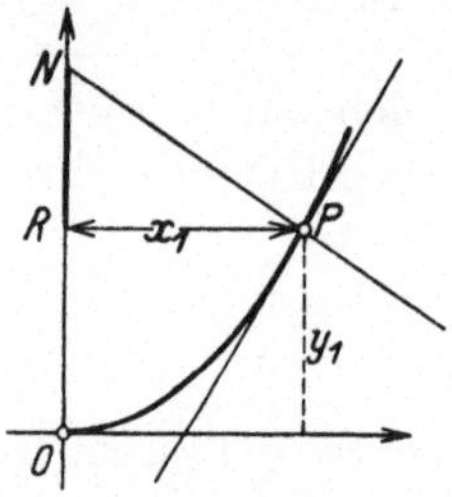

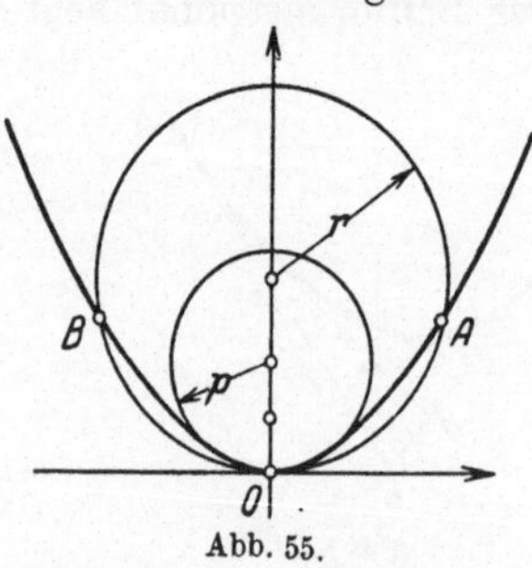

Abb. 54.

§ 32. Krümmungskreis im Scheitel der Parabel.

Wir bringen die Parabel $y = a\,x^2$ zum Schnitt mit einem Kreis, der die Scheiteltangente im Scheitel berührt. Der Kreis möge die Gleichung haben $x^2 = y\,(2\,r - y)$. Die Koordinaten der Schnittpunkte erfüllen beide Gleichungen; es ist also (Abb. 55)

$$y = a\,y\,(2\,r - y)$$

oder

$$y\,(2\,ar - a\,y - 1) = 0\,;$$

$y = 0$ entspricht dem Punkte O,

$$y = \frac{2\,a\,r - 1}{a} = 2\,r - \frac{1}{a}$$

Abb. 55.

den Punkten A und B.

Hat nun der Kreis den Radius $r = \dfrac{1}{2\,a}$, so werden auch die Ordinaten der Punkte A und B zu Null. Der Kreis berührt dann

die Parabel im Scheitel in vier zusammenfallenden Punkten. Sein
Radius ist

$$r = \frac{1}{2\,a} = p\,.$$

Dieser Berührungskreis heißt der „Krümmungskreis" im Scheitel;
sein Mittelpunkt ist vom Scheitel doppelt so weit entfernt wie der
Brennpunkt.

Alle in § 30 bis 32 ausgeführten Eigenschaften können beim
Zeichnen der Parabeln verwertet werden.

§ 33. Fläche eines Parabelsegments.

AC und BC seien zwei Tangenten an eine Parabel; die Berührungspunkte seien A und B. Ist $AD = DC$ und $BE = EC$, so
ist DE eine weitere Tangente an die Parabel und es ist $AB = 2 \cdot ED$;
somit ist die Fläche des Dreiecks
ABF das Doppelte von der Fläche
des Dreiecks EDC (Abb. 56).

Zieht man nun die Tangente GH
parallel zu BF an die Parabel, so ist
wieder das Dreieck FBJ das Doppelte vom Dreieck EGH. Indem
man so fortfährt, erhält man immer
mehr eingeschriebene Dreiecke, die
nach und nach das Parabelsegment
vollständig ausfüllen, während die
außerhalb des Parabelsegments lie-

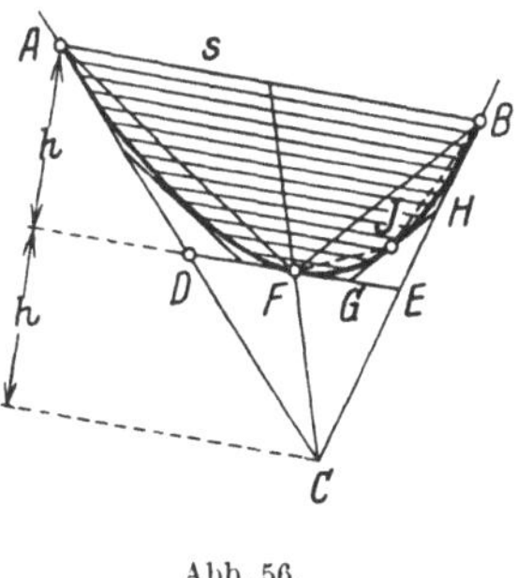

Abb. 56.

genden Dreiecke gleichzeitig das Flächenstück zwischen den Tangenten AC und BC und dem Parabelbogen überdecken. Da nun
jedes im Parabelsegment liegende Dreieck immer das Doppelte von
dem entsprechenden außerhalb liegenden Dreieck ist, so ist auch
die Summe der einbeschriebenen Dreiecke doppelt so groß wie die
Summe der anbeschriebenen, daher ist schließlich das Parabelsegment gleich zwei Dritteln des von der Sehne und den Tangenten in ihren Endpunkten gebildeten Dreiecks, oder: das Parabelsegment ist gleich zwei Dritteln des Parallelogramms oder
Rechtecks, das die Sehne s als Seite und die Höhe h des Parabelsegments als Höhe besitzt

$$F = \frac{2}{3} \cdot s\,h\,.$$

§ 34. Beispiele.

1. Beispiel. Wie heißt die Gleichung der Tangente an die Parabel $y = 0,1\,x^2$ im Punkte mit der Abszisse $x_1 = 7$?

Die Ordinate ist $y_1 = 0,1 \cdot 7^2 = 4,9$. Die Steigung der Tangente ist $m = 2\,a\,x_1 = 2 \cdot 0,1 \cdot 7 = 1,4$; somit lautet die Gleichung der Tangente $y - 4,9 = 1,4\,(x - 7)$ oder $y = 1,4\,x - 4,9$.

2. Beispiel. In welchen Punkten schneidet die Gerade $y = x + 4$ die Parabel $y = \frac{1}{2}\,x^2$? In den Schnittpunkten P_1, P_2 sind Tangenten an die Parabel gelegt, wo (P_3) und unter welchem Winkel γ schneiden sie sich? Fläche des Parabelsegments?

Aus den Gleichungen $y = x + 4$ und $y = \frac{1}{2}\,x^2$ folgt $x_1 = 4$; $y_1 = 8$ für P_1 und $x_2 = -2$; $y_2 = 2$ für P_2. Daher sind $y - 8 = 4\,(x - 4)$ und $y - 2 = -2\,(x + 2)$ die Gleichungen der Tangenten t_1 und t_2; ihr Schnittpunkt P_3 hat die Koordinaten $x_3 = 1$; $y_3 = -4$. Der Winkel γ wird gefunden aus $\operatorname{tg}\gamma = 6 : 7 = 0,8571$, nämlich $\gamma = 40° 36'$. Das Segment ist zwei Drittel des Dreiecks $P_1 P_2 P_3$, also 18 cm².

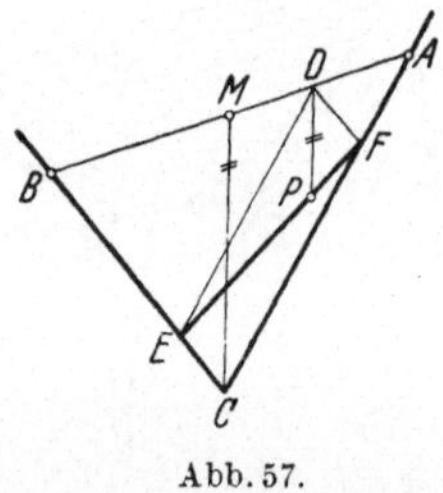

Abb. 57.

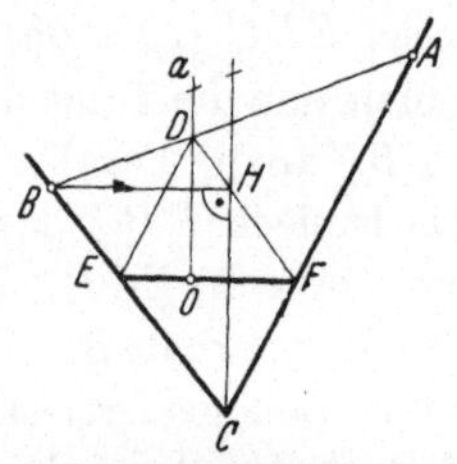

Abb. 58.

3. Beispiel. In der Abb. 57 sind AC und BC zwei Tangenten an eine Parabel, A und B sind die Berührungspunkte. Zieht man nun durch einen beliebigen Punkt D der Sehne AB die Geraden DE parallel AC und DF parallel BC, dann ist EF eine *Tangente an die Parabel*. Der Berührungspunkt P liegt auf der Parallelen DP zu MC. M ist der Mittelpunkt der Berührungssehne AB. — Aus der Ähnlichkeit gewisser Dreiecke folgt nämlich $BE : EC = CF : FA$ und die Projektionen von BE und EP, bzw. PF und AF in der Richtung der Achse sind gleich.

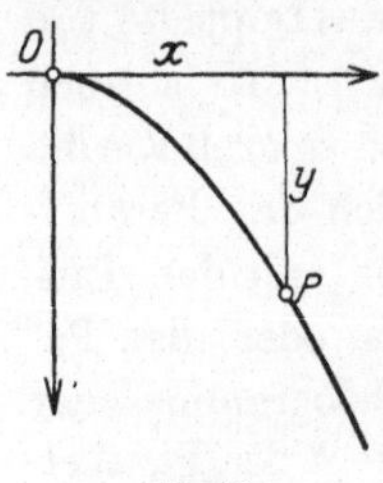

Abb. 59.

4. Beispiel. Fällt man Abb. 58 von B ein Lot auf die Achsenrichtung MC, dann findet man mittelst DF durch H parallel BC und DE parallel AC, die *Scheiteltangente* EF und den *Scheitel* O. $OD = a$ = Achse der Parabel.

5. Beispiel. Horizontaler Wurf im luftleeren Raum (Abb. 59). Vom Punkte O aus werde ein Körper mit der Anfangsgeschwindigkeit v_0 in der

Richtung der positiven X-Achse geworfen. Der Körper legt dann während der Zeit t (Sekunden) in horizontaler Richtung den Weg $x = v_0 t$ zurück, während er gleichzeitig um den Betrag $\frac{g}{2} t^2$ fällt. Wählen wir die positive Y-Richtung von O nach abwärts, so sind die Koordinaten des Punktes P nach t Sekunden einzeln dargestellt durch

$$x = v_0 t \quad \text{und} \quad y = \frac{g}{2} t^2 \,.$$

Dies ist eine Parameterdarstellung der Wurfbahn. Der Parameter ist die Zeit t. Die Elimination von t liefert

$$y = \frac{g}{2\,v_0^2} \cdot x^2.$$

Dies ist die Gleichung einer Parabel mit $a = \dfrac{1}{2p} = \dfrac{g}{2\,v_0^2}$. Wo liegt also der Brennpunkt? Welches ist die Richtung der Tangente an die Wurfparabel zur Zeit t?

Übungen.

1. An die Parabel $y = 0{,}1\,x^2$ ist parallel zur Geraden $y = 2\,x + 4$ eine Tangente zu ziehen. Welches sind die Koordinaten des Berührungspunktes?

2. Die Gerade $y = x + 3$ schneidet von der Parabel $y = \frac{1}{4}\,x^2$ ein Segment ab, von der Fläche $21^1/_3$ cm².

3. Bringe die Parabel $x = \frac{1}{4}\,y^2$ mit jeder der folgenden Geraden zum Schnitt. a) $y = 2\,x - 5$; b) $y = 2\,x + 0{,}5$; c) $y = 2\,x + 2$.

4. Zeichne die Parabel $y = -0{,}2\,x^2$. Konstruiere und berechne die Ordinaten für $x = \pm\,2;\ \pm\,4;\ \pm\,6;\ \pm\,8$. Wo liegt der Brennpunkt? Wie heißt die Gleichung der Tangente im Punkte mit der Abszisse $x_1 = 6$? Für welchen Parabelpunkt P ist die Steigung der Tangente $(+\,1)$?

5. Die Tangente mit der Steigung m an die Parabel a) $y = a\,x^2$; b) $y^2 = a\,x$ hat die Gleichung $\quad a)\ y = m\,x - \dfrac{m^2}{4a}$; $\quad$ b) $y = m\,x + \dfrac{a}{4\,m}$.

6. Wie lauten die Gleichungen der Tangenten vom Punkte $(8;\,-4)$ an die Parabel $y = \frac{1}{9}\,x^2$?

7. In welchen Punkten schneiden sich a) der Kreis $x^2 + y^2 = 16$ und die Parabel $y = 0{,}2\,x^2$? b) der Kreis $y^2 = x\,(10 - x)$ und die Parabel $y = 0{,}1\,x^2$?

8. Beweise: Auch bei Verwendung verschiedener Maßstäbe auf den Koordinatenachsen entspricht der Gleichung $y = a\,x^2$ als Bild eine Parabel.

9. Stelle die Gleichungen $F = \dfrac{\pi}{4}d^2$; $s = \dfrac{g}{2}t^2$ unter Verwendung verschiedener Maßstäbe graphisch dar.

10. Ein Freiträger ist am rechten Ende eingespannt und hat über die ganze Länge l die gleichmäßige Belastung von p kg pro Längeneinheit. Berechne das Biegungsmoment M im Abstande x vom linken Ende und zeichne die Momentenfläche (Abb. 60).

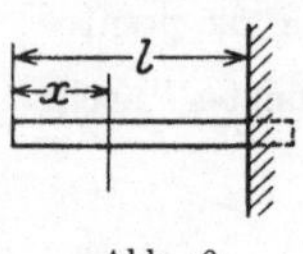

Abb. 60.

11. Nach der Gleichung $y = a x^2$ könnte die Parabel auch definiert werden als Ort aller Punkte, für welche der Abstand (y) von einer Geraden proportional ist dem Quadrate (x^2) des Abstandes von einer dazu senkrechten Geraden. — Es sei nun t eine beliebige, aber festliegende Tangente einer Parabel und v der Abschnitt der Ordinate eines beliebigen Punktes P zwischen dieser Tangente und der Kurve (Abb. 61); u die Länge des Tangentenabschnittes $P_0 A$. Nun kann bewiesen werden, daß für jeden Punkt der Parabel v *proportional ist dem Quadrate* von u.

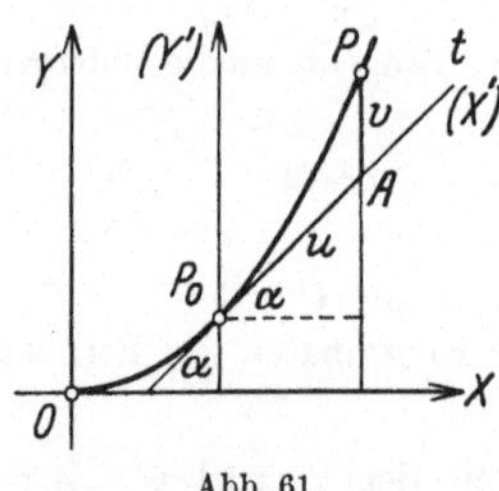

Abb. 61.

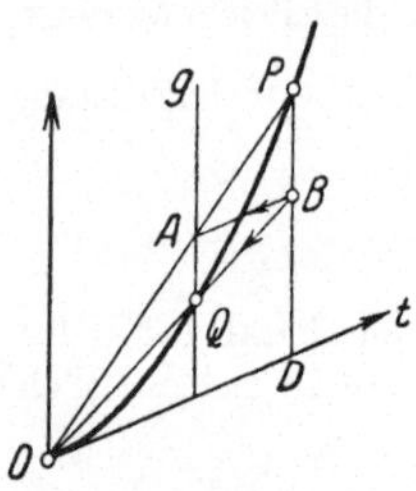

Abb. 62.

Daraus folgt dann die in der Abb. 62 angegebene Konstruktion der Parabel aus einer Tangente t, ihrem Berührungspunkt O, einem weitern Punkt P und der Achsenrichtung g.

12. Ist $P(x_1; y_1)$ ein Punkt der Parabel $y = a x^2$, dann ist das Flächenstück zwischen der Parabel, der X-Achse und der Endordinate gegeben durch $x_1 y_1 : 3$ oder $a x_1^3 : 3$.

13. Beweise: Zu Sehnen von konstanter Projektionslänge gehören inhaltsgleiche Parabelsegmente. (Die Projektion erfolgt auf die Scheiteltangente.)

14. Welcher Punkt der Parabel $y = \dfrac{1}{4}\, x^2$ liegt der Geraden $y = 2x - 14$ am nächsten? Wie groß ist sein Abstand von der Geraden?

15. Es sei P ein beliebiger Punkt außerhalb der Parabel, l die Leitlinie, F der Brennpunkt. Beweise die Richtigkeit der folgenden *Konstruktion der Tangenten von P an die Parabel*: Schlage um P einen Kreis k mit PF als Radius. k schneidet l in den 2 Punkten A und B. Die Mittelsenkrechten zu den Strecken AF und BF sind die gesuchten Tangenten; ihre Berührungspunkte liegen in den in A und B errichteten Loten zur Leitlinie.

16. Beweise: Ist P der Schnittpunkt zweier Tangenten an die Parabel, F der Brennpunkt, so halbiert PF den Winkel zwischen den *Brennstrahlen* nach den Berührungspunkten.

17. Beweise: Die Tangenten in den Endpunkten einer Sehne durch den Brennpunkt stehen senkrecht aufeinander und schneiden sich auf der Leitlinie.

18. Gegeben zwei feste Tangenten und eine bewegliche. Beweise: Der Abschnitt der beweglichen zwischen den festen wird vom Brennpunkt aus unter konstantem Winkel gesehen.

19. Es bedeuten für die folgenden *Konstruktionsaufgaben*: l = Leitlinie; F = Brennpunkt; a = Achse; p = Halbparameter; t = Tangente; P = Punkt; $t_1 P_1$ = Tangente mit Berührungspunkt; O = Scheitel; x = Scheiteltangente
Man konstruiere die Parabel aus

1. $t_1, t_2, F.$　　2. $P_1, P_2, F.$　　3. $a, l, P.$　　4. $t_1, P_1, a.$　　5. $a, O, t.$
6. $x, t_1, P_1.$　　7. $l, t_1, t_2.$　　8. $F, a, P.$　　9. $x, t_1, t_2.$　　10. $l, P_1, P_2.$
11. $l, p, P.$　　12. $F, P, p.$　　13. $l, a, t.$

§ 35. Die Parabel als Bild der ganzen Funktion
$$y = a\,x^2 + b\,x + c.$$

Die Parabel habe in bezug auf das System O' (Abb. 63) die Gleichung $y' = a x'^2$. Wir verschieben das Koordinatensystem parallel nach dem Punkte $O\,(-h;\,-k)$, dann lautet die Gleichung der Parabel in bezug auf das Parallelsystem

$$y - k = a\,(x - h)^2. \qquad (1)$$

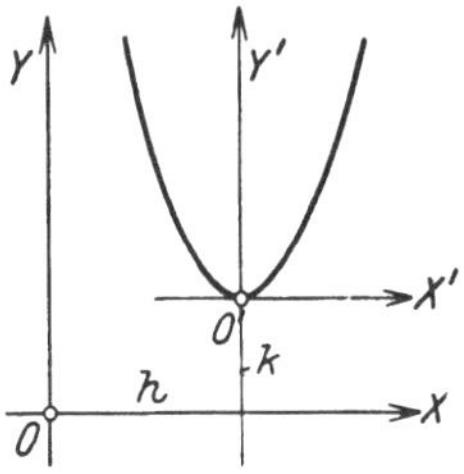

h und k sind jetzt die Koordinaten des Scheitels. Führt man das Quadrat rechts aus und ordnet, so findet man

$$y = a\,x^2 - 2\,ahx + (ah^2 + k)\,.$$

Abb. 63.

Setzt man　$-2\,ah = b$　und　$ah^2 + k = c\,,$ $\qquad (2)$

so erhält die Gleichung der Parabel die Form

$$y = a\,x^2 + b\,x + c. \qquad (3)$$

Umgekehrt kann jede Gleichung von der Form (3) in die Form (1) übergeführt werden. Es ist

$$y = a\left(x^2 + \frac{b}{a}\,x\right) + c$$

$$y = a\left(x + \frac{b}{2\,a}\right)^2 + \left(c - \frac{b^2}{4a}\right)$$

oder $\qquad y - \left(c - \frac{b^2}{4\,a}\right) = a\left(x + \frac{b}{2\,a}\right)^2. \qquad (4)$

Vergleicht man (4) mit (1), so erkennt man, daß man

$$h = -\frac{b}{2\,a}　\text{und}　k = c - \frac{b^2}{4\,a}$$

setzen muß, um eine Übereinstimmung zu erhalten. Demnach ist jede Gleichung von der Form $y = a\,x^2 + b\,x + c$ die Gleichung einer Parabel, deren Achse zur Y-Achse parallel ist. Die Parabel ist der Parabel von der Gleichung $y = a x^2$ kongruent; sie geht aus der letzteren durch Parallelverschiebung hervor; insbesondere ist auch jetzt noch $a = 1 : 2\,p$.

§ 36. Gleichung der Tangente in einem Punkte der Parabel.

Die Steigung der Tangente bezogen auf das System O' ist $2\,a x'_1$. Nun ist $x'_1 = x_1 - h$, somit ist die Steigung, ausgedrückt in den Koordinaten des neuen Systems O: $m = 2a(x_1 - h) = 2a x_1 - 2ah$. Nach Gl. (2) in § 35 ist $-2ah = b$, also ist die Steigung gegeben durch

$$m = 2\,a\,x_1 + b \tag{1}$$

und die Gleichung der Tangente lautet

$$y - y_1 = (2\,a\,x_1 + b)\,(x - x_1)^1. \tag{2}$$

Den *Scheitel* der Parabel $y = a x^2 + b x + c$ findet man auch durch folgende Überlegung.

Für den Scheitel ist die Tangente horizontal, somit $m = 0$, also
$$2\,a x_1 + b = 0$$
oder
$$x_1 = -\frac{b}{2\,a}.$$

Aus der Kurvengleichung folgt dann

$$y_1 = a\left(-\frac{b}{2\,a}\right)^2 + b\left(-\frac{b}{2\,a}\right) + c$$

oder vereinfacht

$$\left.\begin{array}{l} y_1 = \dfrac{4\,ac - b^2}{4\,a} \\[2ex] x_1 = -\dfrac{b}{2\,a} \end{array}\right\} \quad \begin{array}{l}\text{Koordinaten}\\ \text{des Scheitels.}\end{array}$$

---

[1] Für Leser, die differentieren können, werden im folgenden in den Fußnoten unter dem Zeichen **D. R.** gelegentlich einige Hinweise auf die *Differentialrechnung* gemacht werden.

Ist $y = f(x)$ die Gleichung einer Kurve, so lautet die Gleichung der *Tangente* im Punkte $(x_1; y_1)$ der Kurve

$$y - y_1 = f'(x_1)\,(x - x_1),$$

worin $f'(x_1)$ die Ableitung $f'(x)$, den Differentialquotienten $\dfrac{dy}{dx}$ von $y = f(x)$ für den bestimmten Wert $x = x_1$ bedeutet. Ist also $y = f(x) = a x^2 + b x + c$, so ist $m = f'(x_1) = 2\,a x_1 + b$.

Die Koeffizienten a, b, c haben bestimmte geometrische Bedeutung.
a ist wie früher $1 : 2\,p$. Setzt man in $m = 2\,a\,x + b$ für x den
Wert Null, so ist $m = b$; setzt man in der Kurvengleichung $x = 0$,
so ist $y = c$. Demnach ist c die Ordinate des Kurvenpunktes auf
der Y-Achse und b ist die Steigung der Tangente in diesem Punkte.

Die Kurve $y = a\,x^2 + b\,x + c$ kann als *Summenkurve* von

$$y_1 = a\,x^2 \quad \text{und} \quad y_2 = b\,x + e,$$

als
$$y = y_1 + y_2$$

konstruiert werden.

Geht die Kurve durch den Nullpunkt, so ist $c = 0$ und die
Parabel hat eine Gleichung von der Form

$$y = a\,x^2 + b\,x.$$

§ 37. Beispiele.

1. Beispiel. In der Gleichung $y = a\,x^2 + b\,x + c$ kommen drei konstante
Größen a, b, c vor. Demnach kann man drei willkürliche Punkte mit
verschiedenen Abszissen für die Parabel vorschreiben. — Eine Parabel,
deren Achse zur Y-Achse parallel ist, soll durch die Punkte $A\,(-6; 4)$
$B\,(-2; -2)$ $C\,(8; 0{,}5)$ gelegt werden. Wie lautet ihre Gleichung?

$$\text{Allgemein ist} \qquad y = a\,x^2 + b\,x + c.$$
$$\text{Weil } A \text{ auf der Kurve liegt, ist} \quad 4 = 36\,a - 6\,b + c.$$
$$\text{,, } B \text{ ,, ,, ,, ,, ,, } -2 = 4\,a - 2\,b + c.$$
$$\text{,, } C \text{ ,, ,, ,, ,, ,, } 0{,}5 = 64\,a + 8\,b + c.$$

Die Auflösung der drei Gleichungen gibt $a = \dfrac{1}{8}$; $b = -0{,}5$; $c = -3{,}5$,
somit heißt die Gleichung der Parabel:

$$y = \frac{1}{8}\,x^2 - 0{,}5\,x - 3{,}5.$$

Die Kurve schneidet die Y-Achse im Punkte $(0; -3{,}5)$. Die Tangente
hat hier die Gleichung $y = -0{,}5\,x - 3{,}5$. — Die Gleichungen der Tangenten in den Punkten A, B, C lauten der Reihe nach $y = -2\,x - 8$;
$y = -x - 4$; $y = 1{,}5\,x - 11{,}5$. Die Kurve schneidet die X-Achse in
den Punkten, deren Abszissen sich aus $\dfrac{1}{8}\,x^2 - 0{,}5\,x - 3{,}5 = 0$ ergeben;
man findet $x_1 = 7{,}657$; $x_2 = -3{,}657$. Der Radius des Krümmungskreises
im Scheitel ist $p = 4$ cm. Zeichnung! Der Scheitel ist in $(2; -4)$.

2. Beispiel. Ein Parabelbogen (Achsenrichtung = Ordinatenrichtung)
hat die horizontale Spannweite s und die Pfeilhöhe h. Mit welcher Formel
berechnet man zu jedem x die Ordinate y, wenn der Nullpunkt auf dem

Anfangspunkt des Bogens gewählt wird? (Abb. 64). Da die Parabel durch O geht, lautet die allgemeine Gleichung $y = a x^2 + b x$. Für den Punkt A, den Scheitel, gilt

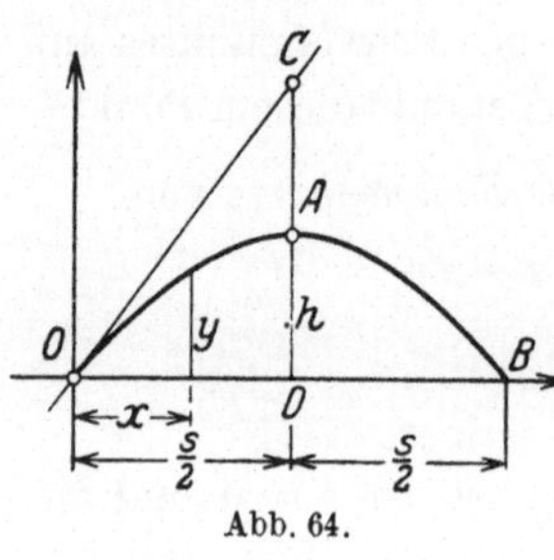
Abb. 64.

$$h = a \cdot \frac{s^2}{4} + b \cdot \frac{s}{2}$$

für B: $\qquad 0 = a s^2 + b \cdot s$.

Hieraus folgt:

$$a = -\frac{4 h}{s^2} \; ; \; b = \frac{4 h}{s}$$

und die Gleichung der Parabel lautet

$$y = \frac{4 h}{s} x - \frac{4 h}{s^2} x^2 \quad \text{oder}$$

$$y = \frac{4 h}{s^2} x \cdot (s - x) .$$

Macht man $A C = A D = h$, so ist $O C$ die Tangente in O. Durch C geht auch die Tangente in B.

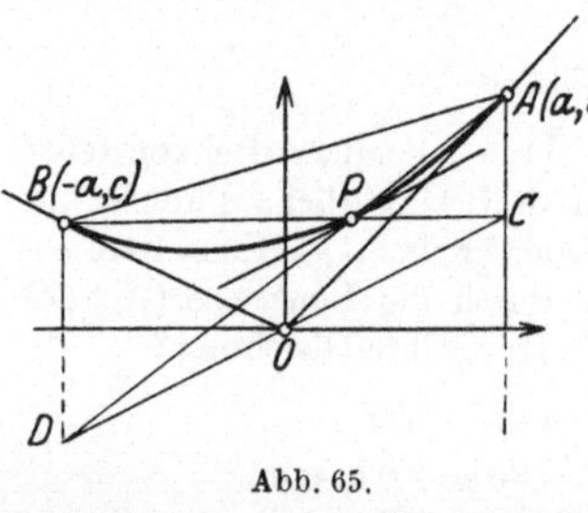
Abb. 65.

3. Beispiel. Es seien die Punkte $A \, (a; b)$ und $B \, (-a; c)$ gegeben, unter a, b, c beliebige reelle Werte verstanden. Durch den Nullpunkt O zieht man irgendeine Gerade, welche die durch B und A gehenden Ordinatenlinien in D und C schneidet. Man bringe $A D$ und $B C$ zum Schnitt in P. — Es ist zu beweisen: die Punkte A, B, P liegen auf einer Parabel mit den Tangenten $O A$ und $O B$ und die Tangente in P ist parallel zur Geraden $D C$ (Abb. 65).

$D C$ habe etwa die Gleichung $y = m x$. Dann sind die Ordinaten von C und D $m a$ und $-m a$. Die Geraden $A D$ und $B C$ haben die Gleichungen

$$y - b = \frac{b + m a}{2 a} (x - a) \qquad (A D) ,$$

$$y - c = -\frac{c - m a}{2 a} (x + a) \quad (B C) .$$

Durch Elimination von m findet man hieraus

$$y = \frac{b + c}{4 a^2} x^2 + \frac{b - c}{2 a} x + \frac{b + c}{4} .$$

Dies ist aber die Gleichung einer Parabel durch $A B P$. Die Koordinaten des Punktes P, welcher der Geraden $y = m x$ entspricht sind

$$x = a \cdot \frac{2 m a - b + c}{b + c} \quad \text{und} \quad y = \frac{m^2 a^2 + b c}{b + c} .$$

Setzt man die Abszisse x dieses Punktes in die Steigungsfunktion

$$y' = \frac{b + c}{2 a^2} x + \frac{b - c}{2 a}$$

ein, so folgt für $P : y' = m$, d. h. die Tangente in P ist parallel zur Geraden CD. Für die Punkte A und B findet man die Tangentengleichungen

$$y = \frac{b}{a}\,x \quad \text{und} \quad y = -\frac{c}{a}\,x.$$

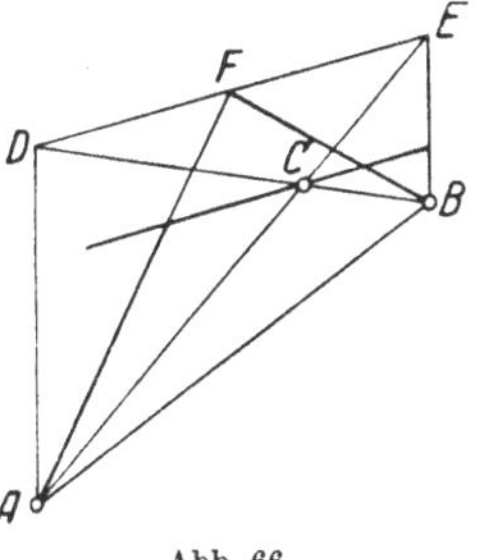

Abb. 66.

Diese Eigenschaften können auch benutzt werden, wenn von einer Parabel drei Punkte und die Achsenrichtung bekannt sind und man die Tangenten in diesen drei Punkten *konstruieren* will.

A, B, C seien die drei Punkte (Abb. 66). Wir wählen die Achsenrichtung etwa parallel der Y-Achse, wie es bei den Bildern der Gleichung $y = a x^2 + b x + c$ immer der Fall ist. Ziehe AD und BE parallel zur Achsenrichtung. BC gibt D und AC gibt E. Die Tangente in C ist parallel DE. Vom Mittelpunkt F der Strecke DE gehen die Tangenten an A und B. — Mit Hilfe von Geraden durch F können beliebige andere Punkte konstruiert werden.

4. Beispiel. Eine Parabel mit vertikaler Achse geht durch den Nullpunkt und den Punkt $(x_0; y_0)$. Die Richtung der Tangente in O ist vorgeschrieben $(m = \operatorname{tg}\alpha)$. Wie heißt die Gleichung der Parabel? (Abb. 67).

Allgemeine Form:

$$y = a x^2 + b x.$$

$$\left.\begin{aligned} y_0 &= a x_0^2 + b x_0 \\ m &= b \end{aligned}\right\}. \text{ Hieraus folgen } a \text{ und } b.$$

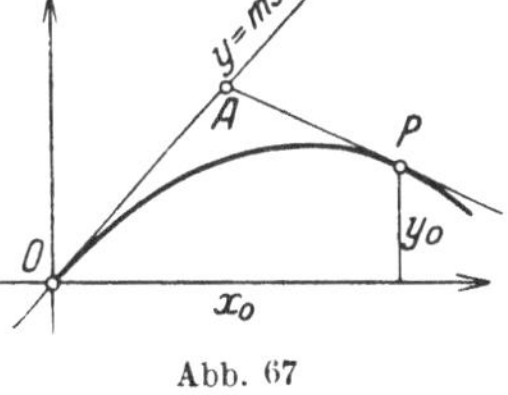

Abb. 67

$$y = \frac{y_0 - m x_0}{x_0^2}\cdot x^2 + m x$$

ist die Gleichung der Parabel.

Die Tangente in P schneidet die Tangente in O in einem Punkte mit der Abszisse $\dfrac{x_0}{2}$. Die Parabel kann punktweise konstruiert werden nach § 34 (11).

Übungen.

1. Zeichne auf dem gleichem Blatt Papier die Parabeln $y = 0{,}1\,x^2$; $y = 0{,}1\,x^2 + 2$; $y = 0{,}1\,x^2 + 0{,}5\,x + 2$. Nach welchem Punkte muß man das Koordinatensystem parallel verschieben, damit aus der Gleichung $y = 0{,}1\,x^2$ die dritte hervorgeht?

2. Man zeichne die Parabel $y = -\,0{,}2\,x^2 + x + 1$, indem man einzeln zeichnet $y_1 = -\,0{,}2\,x^2$ und $y_2 = x + 1$ und durch Addition $y_1 + y_2 = y$ die „Summenkurve" bildet.

3. Zeichne die Parabeln a) $y = -\,0{,}16\,x^2 + 1{,}6\,x\;(x = 0$ bis $10)$ b) $y = -\,0{,}18\,x^2 + 1{,}9\,x + 1\;(x = 0$ bis $10)$ c) $y = \dfrac{1}{84}\,(13\,x^2 - 32\,x - 240)$ $(x = -\,6$ bis $+\,4)$.

4. Von einer Parabel mit vertikaler Achse kennt man drei Punkte A, B, C. Bestimme in jedem der folgenden Fälle die Gleichung und die Koordinaten des Scheitels der Parabel.

a) $A(-4;-1)$ $B(0;4{,}6)$ $C(6;1)$
b) $A(-5;-2)$ $B(0;-9)$ $C(5;4)$
c) $A(3;3)$ $B(6;4)$ $C(12;0)$
d) $A(0;0)$ $B(5;4)$ $C(15;0)$
e) $A(3;4)$ $B(-3;4)$ Brennpunkt in $O(0{,}0)$. Zwei Lösungen.

5. Wie heißt die Gleichung der Parabel mit horizontaler Achse, die durch die Punkte geht $A(0;0)$ $B(4;5)$ $C(0;10)$? Gleichung der Tangente im Punkte C?

6. Durch die Punkte $A(0;0)$ $B(s;0)$ sind zwei Parabeln mit vertikaler Achse gelegt, die beide den Scheitel über der X-Achse haben. Die Scheitelordinaten sind h_1 und $h_2 (h_2 > h_1)$. Wie lang ist für ein beliebiges x der zwischen den Parabeln liegende Ordinatenabschnitt? Wie groß ist die Fläche zwischen den Parabelbogen?

7. Beweise: Die Parabel durch die Punkte $A(0;4)$; $B(4;4{,}8)$; $C(10;-6)$ hat die Gleichung $y=-0{,}2\,x^2+x+4$; der Scheitel ist in $(2{,}5;5{,}25)$ die Tangente in A hat die Gleichung $y=x+4$, jene in $C:y=-3\,x+24$. Der Brennpunkt liegt in $(2{,}5;4)$. Die Fläche zwischen $x=0$ und $x=6$ beträgt $27{,}6$ cm². Siehe Beispiel 16.)

8. Die Parabel $y=(-2\,x^2+16\,x+40):9$ hat den Scheitel in $(4;8)$, schneidet die X-Achse in $A(x_1=-2)$ und $B(x_2=10)$. Die Fläche zwischen der X-Achse und der Parabel mißt 64 cm². Die Tangente in $A:\ y=\dfrac{8}{3}(x+2)$, in $B(y=-\dfrac{8}{3}(x-10)$; Winkel zwischen den Tangenten $41°\,7'$.

9. Der Scheitel einer Parabel ist in $(5;2)$; die Parabelachse ist vertikal; $p=4$ cm; die Parabel ist nach oben geöffnet. Wie heißt die Gleichung?

10. Eine Parabel mit vertikaler Achse geht durch $A(2;2)$ $B(12;-4)$. Die Steigung der Tangente in A ist $(+1)$. Gleichung der Parabel?

11. Eine Parabel mit vertikaler Achse geht durch O und $A(a;b)$, die Parabel hängt in der Mitte der Sehne OA um den Betrag h durch. Wie lautet die Gleichung der Parabel?

12. Ein Körper wird mit einer Anfangsgeschwindigkeit v_0 vom Punkte O aus unter einem Steigungswinkel α gegen die Horizontale nach oben geworfen. Welches sind seine Koordinaten nach t Sekunden? Welches ist die größte Höhe, die größte horizontale Wurfweite?
Wähle O zum Nullpunkt und die Horizontale durch O zur X-Achse; die Y-Achse sei nach oben gerichtet.

13. Ein auf zwei Stützen lagernder Balken ist über die ganze Länge l gleichmäßig mit p kg pro Längeneinheit belastet. Wie groß ist das Biegungsmoment M_x im Abstande x vom linken Ende? Ist die Momentenlinie $y=M_x$ eine Parabel? Wo ist das größte Biegungsmoment?

14. Beweise: Addiert man die entsprechenden Ordinaten zweier Parabeln von den Gleichungen $y'=a_1x^2+b_1x+c_1$ und $y''=a_2x^2+b_2x+c_2$, so erhält man als „Summenkurve" $y = y' + y''$ wieder eine Parabel, sofern $a_1 + a_2$ nicht Null ist. — Zeichne

$$y' = 0{,}1\,x^2 + 0{,}5\,x + 3; \quad y'' = -\,0{,}2\,x^2 + 0{,}9\,x + 2 \,.$$

Wo liegt der Scheitel der Summenkurve?

15. Zeige: Auch bei Verwendung verschiedener Maßstäbe auf den Koordinatenachsen entspricht der Gleichung $y = a\,x^2 + b\,x + c$ eine Parabel. Welches ist die Gleichung der in der Zeichnung vorhandenen Parabel? $(x = \mu_1 x'; \; y = \mu_2 y')$.

16. Beweise: Sind $A\,(x_0;\,y_0)$ $B\,(x_1;\,y_1)$ $C\,(x_2;\,y_2)$ drei Punkte auf einer Parabel mit vertikaler Achse, und sind alle drei Punkte oberhalb der X-Achse ist ferner $x_1 - x_0 = x_2 - x_1 = h\,(> 0)$, d. h. sind die Ordinaten äquidistant, so ist die Fläche zwischen Parabelbogen, Anfangs- und Endordinate, und der X-Achse gegeben durch $F = \dfrac{h}{3}\,(y_0 + 4\,y_1 + y_2)$.

17. Welches ist der Ort der Mittelpunkte aller Kreise, die durch einen festen Punkt P gehen und eine feste Gerade g berühren?

18. Ein Punkt bewegt sich so in einer Ebene, daß seine kürzeste Entfernung von der Peripherie eines Kreises mit Radius r gleich ist seinem Abstand von einem festen Durchmesser. Auf welcher Kurve bewegt sich der Punkt? Wähle den Mittelpunkt zum Nullpunkt und den Durchmesser als X-Achse.

19. Welches ist der Ort aller Punkte, für welche die Summe der Entfernungen von einem festen Punkt P und einer Geraden konstant $= c$ ist? Wähle die Gerade zur X-Achse und P auf der Y-Achse.

20. Gegeben: Eine Gerade g; ein Punkt M im Abstande a von g; um M ein Kreis mit Radius r. Ein Punkt $P\,(x;\,y)$ bewegt sich so, daß die von ihm an den Kreis gezogene Tangente gleich seinem Abstande von der Geraden ist. Es sei g die X-Achse, und M liege auf der Y-Achse. Gleichung der Kurve?

21. Ziehe durch den Punkt $A\,(a;\,0)$ ein *Lot g* zur X-Achse. Eine Gerade l durch O schneide g in B. Schlage um A einen Viertelskreis im negativen Sinne von B nach C. C liegt auf der X-Achse; in C errichte ein Lot zur Abszissenachse; es trifft l in P. Welches ist der Ort von P?

22. Ein rechter Winkel dreht sich um seinen festliegenden Scheitel A. Ein Schenkel schneidet eine Gerade g in B. Das Lot in B auf g trifft den andern Schenkel in P. Ort von P? $(g = X$-Achse; A liege im Abstande a von O auf der Y-Achse.)

23. Wählt man den Scheitel zum Pol und die Parabelachse zur Polarachse, dann lautet die Polargleichung

$$r = 2\,p \cdot \cos\alpha\,(1 + \operatorname{ctg}^2\alpha)\,.$$

24. Ist aber der Brennpunkt Pol und die Gerade von F nach dem Scheitel S hin die Polarachse, dann gilt

$$r = \frac{p}{1 + \cos\alpha} = FS \cdot \left(1 + \operatorname{tg}^2\frac{\alpha}{2}\right)\,.$$

VII. Die Ellipse.

§ 38. Affine Kurven.

Eine Kurve C habe die Gleichung

$$y = f(x).\tag{1}$$

Wir leiten nun aus C eine neue Kurve C' her, indem wir die Ordinaten sämtlicher Punkte im gleichen Verhältnis verkürzen oder verlängern, während die Abszissen beibehalten werden. Die neue Kurve C' heißt eine „affine Kurve" zur ursprünglichen Kurve C. Das konstante Verhältnis $P'A : PA = n$ der Ordinaten „affiner" Punkte P' und P nennt man das „Affinitätsverhältnis". Die X-Achse ist die „Affinitätsachse"; sie enthält offenbar alle jene Punkte, die mit ihren affinen Punkten sich decken. Zwischen den Koordinaten $(x; y)$ eines Punktes P auf C und den Koordinaten $(x'; y')$ des ihm entsprechenden Punktes P' auf C' bestehen dann offenbar die folgenden Beziehungen:

$$x' = x \qquad \text{oder} \qquad x = x'$$
$$y' = n \cdot y \qquad\qquad y = \frac{1}{n}\, y'.\tag{2}$$

Ersetzt man in der Gl. (1) x und y durch die obigen Werte, so erhält man in

$$\frac{1}{n}\, y' = f(x') = f(x)$$

oder $\qquad\qquad y' = n f(x)$

die Gleichung der affinen Kurve C' (Abb. 68).

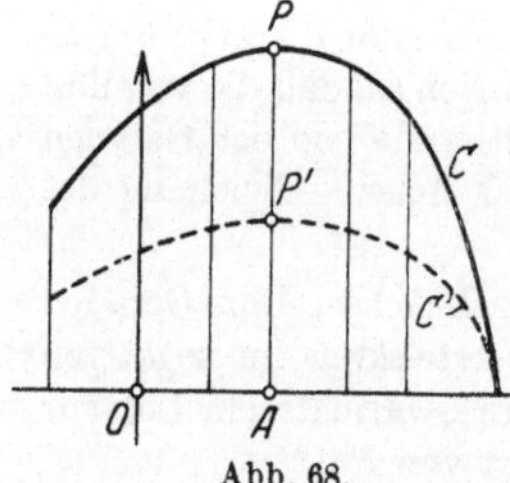

Abb. 68.

Jeder *geraden Linie* entspricht wieder eine gerade Linie; denn

aus $y = mx + b$ wird $y' = n \cdot mx + bn$.

Parallelen Geraden entsprechen wieder parallele Gerade; denn ist m die gemeinsame Steigung der ursprünglichen Geraden, so ist $m \cdot n$ die gemeinsame Steigung der affinen Geraden, d. h. sie sind parallel.

Jeder zur X-Achse parallelen Geraden $y = b$ entspricht die wieder zur X-Achse parallele Gerade $y' = b \cdot n$.

Die Längen von Strecken verändern sich im allgemeinen beim Übergang zur affinen Figur, aber die *Verhältnisse* von parallelen Strecken oder von Strecken auf der gleichen Geraden sind auch

nach der affinen Umformung die gleichen, wie aus einfachen plani-
metrischen Sätzen folgt. Insbesondere entspricht einer regulären
Teilung einer Strecke wieder eine reguläre Teilung der affinen
Strecke.

§ 39. Die Ellipse als affine Figur des Kreises.

Leiten wir aus dem Kreise $x^2 + y^2 = a^2$ nach dem in § 38
besprochenen Verfahren eine affine Kurve ab, so führt diese den
Namen *Ellipse* und ihre Gleichung folgt aus der des Kreises, indem
wir y durch $\dfrac{1}{n}\, y'$ ersetzen, während x unverändert bleibt (Abb. 69).
Es ist

$$x^2 + \frac{1}{n^2}\, y'^2 = a^2$$

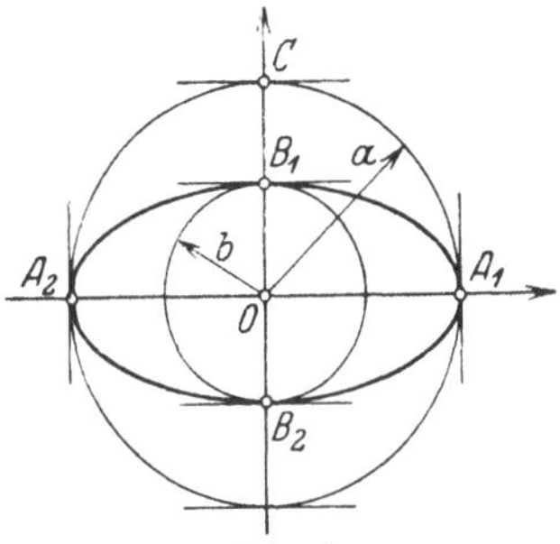

die Gleichung der Ellipse, der wir
aber leicht eine andere Form geben
können. Entspricht dem Punkte
$C\,(0;a)$ des Kreises der Punkt B_1
$(0;b)$ der Ellipse, so ist offenbar

$n = \dfrac{b}{a}$. Wenn wir dann ferner

Abb. 69.

noch den Akzent bei y' weglassen,
unter $(x;y)$ also die Koordinaten eines Punktes der Ellipse verstehen, so lautet die Gleichung der Kurve

$$x^2 + \frac{a^2}{b^2}\, y^2 = a^2$$

oder nach Division mit a^2

$$\boldsymbol{\frac{x^2}{a^2} + \frac{y^2}{b^2} = 1}. \tag{1}$$

Die Symmetrie der Ellipse bezüglich der Koordinatenachsen
folgt aus dem Vorhandensein von bloß quadratischen Gliedern der
Veränderlichen x und y. Man nennt die in den Koordinatenachsen
liegenden Strecken $A_1 A_2$ und $B_1 B_2$ die „Achsen" und die Gl. (1)
die „Achsengleichung" der Ellipse. Die Punkte $A_1 A_2\ B_1 B_2$ auf
den Achsen nennt man die „Scheitel" und die beiden konzen-
trischen Kreise um O mit den Radien a und b die „Scheitelkreise".
O heißt der „Mittelpunkt" der Ellipse.

Aus den in § 38 abgeleiteten Sätzen folgen unmittelbar aus den Eigenschaften des Kreises die Eigenschaften der Ellipse:

Jede Sehne durch O wird in O halbiert; sie heißt „Durchmesser". Die Tangenten in B_1 und B_2 sind parallel der Achse $A_1 A_2$; jene in A_1 und A_2 parallel zur Achse $B_1 B_2$. Die Tangenten in den Endpunkten eines Durchmessers sind parallel. Die Mittelpunkte paralleler Sehnen liegen auf einem Durchmesser. Aus der Affinität ergibt sich auch die folgende

§ 40. Konstruktion der Ellipse aus den Scheitelkreisen.

Nehmen wir an, die „Halbachsen" a und b einer Ellipse seien gegeben und es sei $a > b$; dann schlagen wir um O die beiden Scheitelkreise. (In Abb. 70 ist nur ein Viertel der Ellipse gezeichnet.) Will man nun den Punkt der Viertelsellipse zeichnen, der auf der beliebigen Senkrechten g zur großen Achse liegt, so bringt man g mit dem größeren Kreis in A zum Schnitt; zieht OA und durch B die Parallele zur großen Achse. Der Schnittpunkt C auf g ist der gesuchte Ellipsenpunkt: denn die Strecken OA und AD sind durch die Horizontalen OD und BC in gleichem Verhältnis geteilt. Nun aber ist $OB = b$; $OA = a$; $CD = y$, somit verhält sich $y : AD = b : a$, es ist also

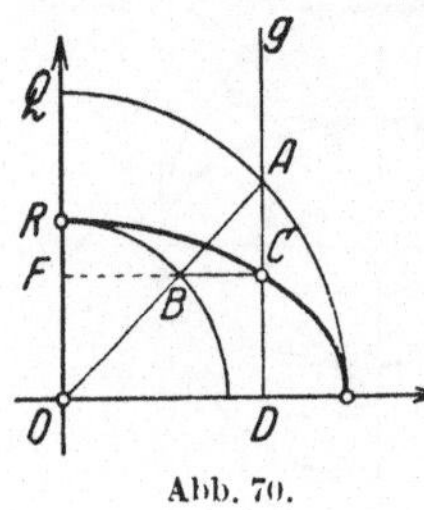

Abb. 70.

$$ y = \frac{b}{a} \cdot AD . \tag{1} $$

Die Ordinate AD des Kreises wird demnach im gleichen Verhältnis verkürzt wie die Ordinate OQ in die Ordinate OR. — Übrigens folgt aus Gl. (1) leicht die Gl. (1) im vorhergehenden Abschnitt; denn setzt man $OD = x$, so ist $AD = \sqrt{a^2 - x^2}$, oder

$$ y = \frac{b}{a} \sqrt{a^2 - x^2} , \tag{2} $$

eine Gleichung, die, von der Wurzel befreit, mit der Achsengleichung übereinstimmt.

Aus der Abb. 70 folgt noch eine andere merkwürdige Beziehung der Ellipse zum kleineren Scheitelkreis. Verlängert man die Horizontale BC bis zum Schnitt F mit der kleinen „Halbachse" OR, so folgt aus der Figur $FC : FB = OA : OB$ oder $x : FB = a : b$ oder

$$x = \frac{a}{b} \cdot BF. \tag{3}$$

Nun ist BF die Abszisse des Punktes B auf dem kleinen Scheitelkreis; vergrößert man diese Abszisse im Verhältnis $a : b$, so erhält man die Abszisse x des Ellipsenpunktes C. Demnach kann man sich die gleiche Ellipse auch aus dem kleinen Scheitelkreis entstanden denken, indem man sämtliche Abszissen der Kreispunkte im gleichen Verhältnis vergrößert. Die Ellipse ist demnach auch eine affine Figur zum kleinen Scheitelkreis, nur ist diesmal die Ordinatenahsce die Affinitätsachse. Da $BF = \sqrt{b^2 - y^2}$. kann (3) auch geschrieben werden als

$$x = \frac{a}{b}\sqrt{b^2 - y^2}, \tag{4}$$

was wieder mit Gl. (1) in § 39 zur Übereinstimmung gebracht werden kann.

§ 41. Konstruktion und Gleichung der Tangente.

Fassen wir die Ellipse auf als affine Figur des großen Scheitelkreises, so entspricht dem Punkte C der Ellipse der Punkt A auf dem Kreis und der Tangente in A an den Kreis die Tangente in C an die Ellipse. Beide Tangenten treffen sich im gemeinsamen Punkt D auf der Affinitätsachse (Abb. 71).

Fassen wir aber die Ellipse auf als affine Figur zum kleinen Scheitelkreis, so entspricht dem Punkte C der Ellipse der Punkt B auf dem Kreis und der Tangente in B an den Kreis die Tangente in C an die Ellipse. Beide Tangenten treffen sich im gemeinsamen Punkt E auf der neuen Affinitätsachse OE. Die Punkte ECD liegen in einer geraden Linie.

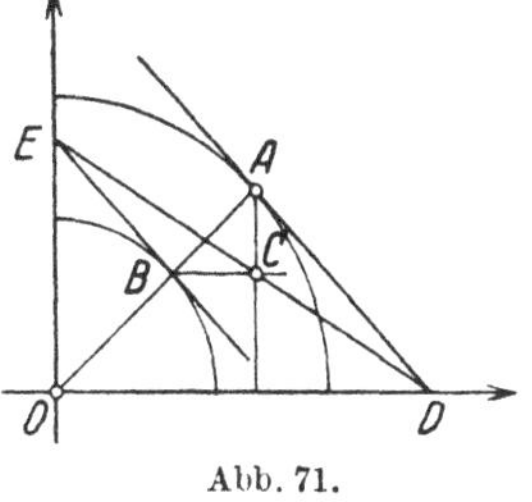

Abb. 71.

Aus dieser Konstruktion folgt auch leicht die Gleichung der Tangente. Sind $(x_1; y_1)$ die Koordinaten des Punktes C, so sind, weil $OD \cdot x_1 = a^2$ und $OE \cdot y_1 = b^2$, die Achsenabschnitte der

Geraden ED gegeben durch $OD = a^2 : x_1$ und $OE = b^2 : y_1$; somit lautet die *Gleichung der Tangente* nach Abschnitt 11

$$\frac{\dfrac{x}{a^2} + \dfrac{y}{b^2}}{\dfrac{x_1}{} \quad \dfrac{y_1}{}} = 1$$

oder $$\boldsymbol{\frac{x\,x_1}{a^2} + \frac{y\,y_1}{b^2} = 1.}$$ (1)

Löst man die Gleichung nach y auf, so findet man für die Steigung der Tangente

$$m = -\frac{b^2}{a^2} \cdot \frac{x_1}{y_1}{}^1.$$ (2)

Die *Normale* zur Ellipse im Punkte $(x_1; y_1)$ hat daher die Gleichung

$$y - y_1 = \frac{a^2}{b^2} \cdot \frac{y_1}{x_1}(x - x_1).$$ (3)

Siehe auch § 18.

§ 42. Der Ellipsenzirkel.

In Abb. 72 ist ein Punkt P nach Abschnitt 40 konstruiert. Wir ziehen PD parallel zu OA. Dann ist

$$PD = OA = a$$
und $$PC = OB = b.$$

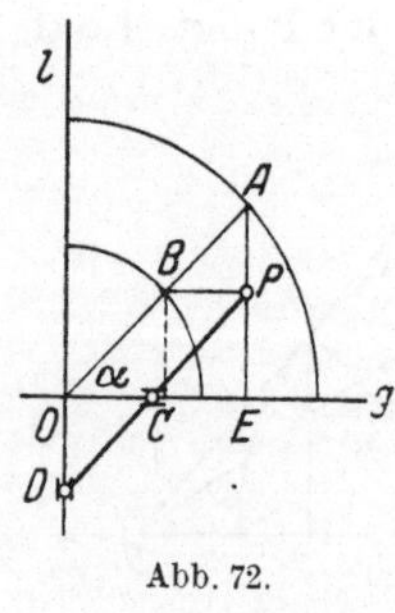

Abb. 72.

Hierauf beruht ein Zeicheninstrument, genannt Ellipsenzirkel, das zum Zeichnen der Ellipsen benutzt wird. Zwei Punkte C und D einer Geraden mit dem konstanten Abstand CD werden auf zwei zueinander senkrechten Geraden g und l geführt; dann beschreibt offenbar der Punkt P in der Verlängerung von CD eine Ellipse mit den Halbachsen $PD = a$ und $PC = b$.

---

[1] D. R.: Aus der Gleichung der Ellipse $b^2 x^2 + a^2 y^2 - a^2 b^2 = 0$ folgt durch Differenzieren nach x:

$$2\,b^2 x + 2\,a^2 y \cdot \frac{dy}{dx} = 0,$$

woraus folgt

$$m = \left(\frac{dy}{dx}\right)_{x\,=\,x_1} = -\frac{b^2}{a^2} \cdot \frac{x_1}{y_1}. \quad \text{(Siehe § 36. Fußnote.)}$$

§ 43. Parametergleichung.

Aus der gleichen Abb. 72 folgt auch eine Parameterdarstellung der Ellipse. Schließt OA mit der X-Achse den Winkel α ein, so ist offenbar $x = OA \cdot \cos \alpha$ und $y = PE = OB \cdot \sin \alpha$ oder

$$\left.\begin{array}{l} x = a \cdot \cos \alpha \\ y = b \cdot \sin \alpha \end{array}\right\} \tag{1}$$

Der Winkel α ist die Hilfsgröße, der Parameter. Aus diesen Gleichungen können die Koordinaten *einzeln* berechnet werden. Durch Elimination von α folgt wieder Gl. (1) in Abschnitt 39.

§ 44. Scheitelgleichung der Ellipse.

Wie lautet die Gleichung der Ellipse, wenn wir einen Scheitel auf der großen Achse zum Nullpunkt des Koordinatenkreuzes und die Richtung der großen Achse als X-Achse wählen? — Wir verschieben das Koordinatensystem nach dem Punkte $(-a; 0)$ und müssen daher x in der Achsengleichung ersetzen durch $x-a$. Die Gleichung lautet daher (Abb. 73)

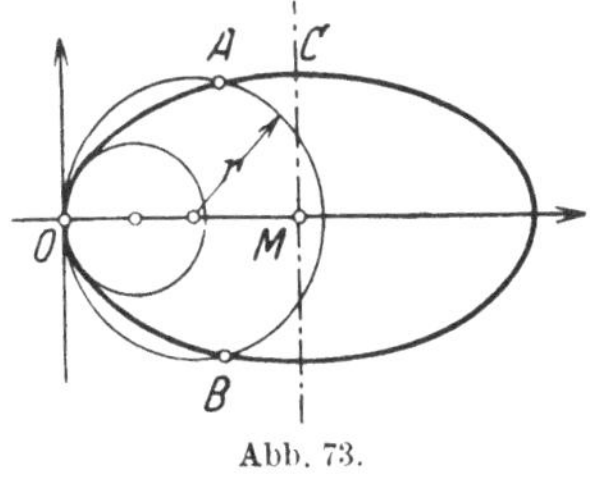
Abb. 73.

$$\frac{(x-a)^2}{a^2} + \frac{y^2}{b^2} = 1$$

$$\text{oder } \frac{x^2}{a^2} - 2 \cdot \frac{x}{a} + 1 + \frac{y^2}{b^2} = 1$$

$$\text{oder } y^2 = 2 \cdot \frac{b^2}{a} \cdot x - \frac{b^2}{a^2} x^2 .$$

Ähnliche Gleichungen findet man, wenn man das Koordinatensystem nach einem der andern Scheitel verschiebt.

§ 45. Krümmungskreise in den Scheiteln der Ellipse.

Wir bringen die Ellipse (Abb. 73) zum Schnitt mit einem Kreise, der die Y-Achse im Nullpunkt berührt. Ist r sein Radius, so lautet seine Gleichung $y^2 = x(2r - x)$. Für die Schnittpunkte der Ellipse mit dem Kreise ist daher

$$x(2r - x) = 2 \cdot \frac{b^2}{a} x - \frac{b^2}{a^2} x^2 .$$

$x = 0$ liefert den Punkt O; für die übrigen Punkte ist

$$2r - x = 2 \cdot \frac{b^2}{a} - \frac{b^2}{a^2} x,$$

voraus folgt

$$x = 2a \cdot \frac{ra - b^2}{a^2 - b^2} .$$

Das ist die Abszisse der Punkte A und B in der Figur. Ist aber $ra - b^2 = 0$, also $r = b^2 : a$, so fallen auch die Punkte A und B nach O, d. h. der Kreis hat mit der Ellipse in O vier zusammenfallende Punkte gemeinsam und schmiegt sich daher ganz besonders gut an die Ellipse an. Man nennt diesen Kreis den Krümmungskreis im Scheitel O. Für den Scheitel C findet man in ähnlicher Weise einen Kreis mit dem Radius $a^2 : b = R$. Die Radien der Krümmungskreise in den Scheiteln sind somit

$$r = \frac{b^2}{a} \quad \text{und} \quad R = \frac{a^2}{b} \,. \tag{1}$$

Sie können beim Zeichnen einer Ellipse vorteilhaft verwertet werden. Sind die Achsen bekannt, so *konstruiert* man R und r wie

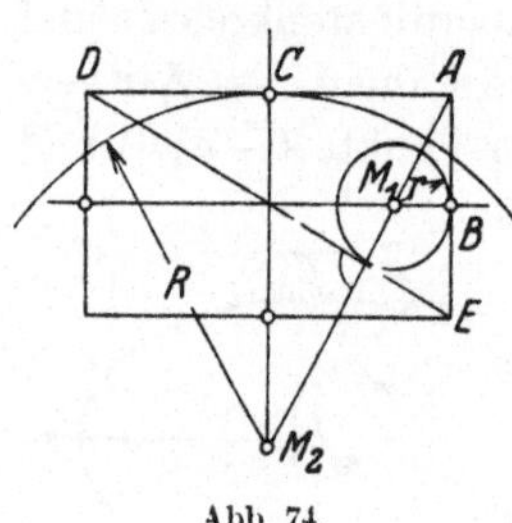

Abb. 74.

folgt: Man zeichnet das der Ellipse umschriebene Rechteck, dessen Seiten zu den Achsen der Ellipse parallel laufen. Ist A eine Ecke des Rechtecks, so fällt man ein Lot auf die Diagonale DE. Dieses schneidet die Achsen der Ellipse in den Punkten M_1 und M_2. Dann ist, wie leicht aus der Ähnlichkeit der Dreiecke folgt, $M_1 B = r$ und $M_2 C = R$ (Abb. 74).

§ 46. Die Diagonalpunkte mit ihren Tangenten.

Die Punkte, in denen die Diagonalen des umschriebenen Rechtecks die Ellipse treffen, mögen „Diagonalpunkte" heißen (Abb. 75).

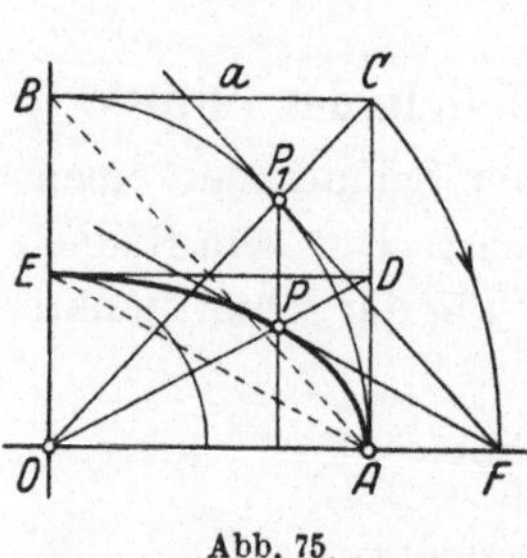

Abb. 75.

Der Ellipsenbogen EA ist die affine Figur zum Kreisbogen BA. Dem Quadrat $OACB$ entspricht das Rechteck $OADE$. Dem Schnittpunkt P_1 der Diagonale OC mit dem Kreise entspricht der Diagonalpunkt P auf der Diagonale OD. Die Tangente in P_1 an den Kreis ist parallel zur Geraden AB; somit die Tangente in P parallel zur Diagonale AE. Ferner ist $OC = OF$.

Aus diesen Überlegungen folgt die folgende einfache Konstruktion der Diagonalpunkte mit ihren Tangenten (Abb. 76). Mache $AC = AO$ und $OF = OC = OF_1$.

Durch F und F_1 gehen die Tangenten nach den Diagonalpunkten; sie sind parallel zu den Diagonalen des Rechtecks.

Soll eine *Ellipse* mit den Halbachsen a und b *gezeichnet* werden, so konstruiert man der Reihe nach:

1. das umschriebene Rechteck, dessen Seiten den Achsen parallel sind;
2. die Diagonalpunkte mit den Tangenten;
3. die Krümmungskreise in den Scheiteln, evtl.
4. noch weitere Punkte nach 40.

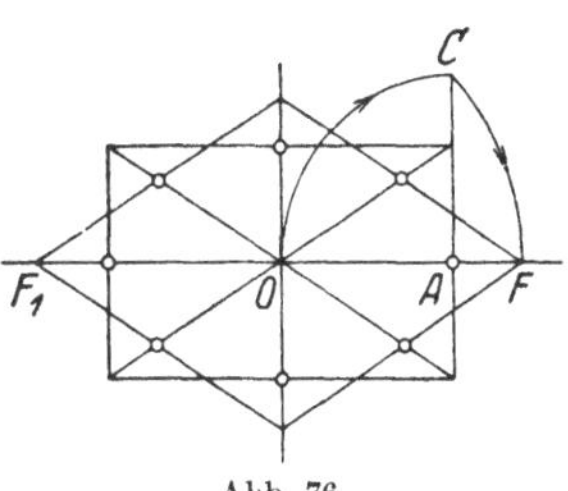

Abb. 76.

Die drei ersten Hilfsmittel genügen in den meisten Fällen. Die Krümmungskreise sind ein Ersatz für die Ellipsenbogen in der Nähe der Scheitel; wie weit sie als Ersatz benutzt werden können, das ist von Fall zu Fall zu entscheiden.

§ 47. Beispiele.

1. Beispiel. Eine Ellipse hat die Halbachsen $a = 5$; $b = 3$ cm. Somit lautet ihre Achsengleichung $\dfrac{x^2}{25} + \dfrac{y^2}{9} = 1$ oder $y = \pm\, 0{,}6\,\sqrt{25 - x^2}$.

Für $x =$	0	± 1	± 2	± 3	± 4	± 5
wird $y = \pm 3$		$\pm 2{,}94$	$\pm 2{,}75$	$\pm 2{,}4$	$\pm 1{,}8$	0.

Für $|x| > 5$ liefert die Gleichung keinen Wert y. — Die Tangente im Punkte $(4; 1{,}8)$ hat die Gleichung $\dfrac{4x}{25} + \dfrac{1{,}8\,y}{9} = 1$ oder $y = -\,0{,}8\,x + 5$.

2. Beispiel. Wie heißt die Gleichung einer Ellipse mit den Mittelpunktskoordinaten $M\,(h; k)$, wenn die Achsen zu den Koordinatenachsen parallel laufen?

Wir verschieben das Achsenkreuz vom Mittelpunkt M nach dem Punkte $(-h; -k)$, denn O hat in bezug auf ein System durch M diese Koordinaten. Daher lautet die Gleichung der Ellipse:

$$\frac{(x - h)^2}{a^2} + \frac{(y - k)^2}{b^2} = 1\,.$$

Die Tangente in einem beliebigen Punkte $(x_1; y_1)$ hat die Gleichung

$$\frac{(x - h)(x_1 - h)}{a^2} + \frac{(y - k)(y_1 - k)}{b^2} = 1\,.$$

Liegt z. B. der Mittelpunkt im Punkte $M\,(1; 2)$ und ist $a = 5$; $b = 3$, so lautet die Gleichung der Kurve

$$\frac{(x - 1)^2}{25} + \frac{(y - 2)^2}{9} = 1 \quad \text{oder} \quad y = 2 \pm 0{,}6\,\sqrt{25 - (x - 1)^2}\,.$$

Für $x_1 = 5$ ist $y_1 = 3{,}8$ und die Tangente in diesem Punkte hat die Gleichung $y = -0{,}8\,x + 7{,}8$.

3. Beispiel. Die Scheitelgleichung einer Ellipse mit $a = 5$ und $b = 3$ cm lautet, wenn das Koordinatensystem wie in Abb. 73 gewählt wird

$$y^2 = 3{,}6\,x - 0{,}36\,x^2\,.$$

Für $x =$	0	1	2	3	4	5	6	$\ldots$
wird $y =$	0	$\pm 1{,}8$	$\pm 2{,}4$	$\pm 2{,}75$	$\pm 2{,}94$	± 3	$\pm 2{,}94$	$\ldots$

Siehe 1. Beispiel. Die Tangente im Punkte $(9;\ 1{,}8)$ hat die Gleichung

$$y = -0{,}8\,x + 9\,.$$

4. Beispiel. Die Gleichung $16\,x^2 + 9\,y^2 - 96\,x - 72\,y + 144 = 0$ stellt eine Ellipse dar; denn sie kann auf die Gleichungsform im 2. Beispiel zurückgeführt werden. Es ist

$$16\,(x^2 - 6\,x) + 9\,(y^2 - 8\,y) = -144$$
$$16\,(x - 3)^2 + 9\,(y - 4)^2 = 16 \cdot 9 + 9 \cdot 16 - 144 = 144$$

oder nach Division mit 144

$$\frac{(x - 3)^2}{9} + \frac{(y - 4)^2}{16} = 1\,.$$

Dies ist eine Ellipse mit den Halbachsen $a = 4$; $b = 3$; die Ellipse berührt die Koordinatenachsen und die große Achse steht senkrecht zur X-Achse.

Übungen.

1. Konstruiere den 1. Quadranten der Ellipse mit den Halbachsen $a = 15$, $b = 10$ cm, konstruiere die Ordinaten für $x = 2;\ 4;\ 6;\ 8,\ 10;\ 12;\ 14$ und berechne nachher ihre Längen. Wie lautet die Gleichung der Tangente im Punkte mit der Abszisse $x = 9$? Wie lautet die Gleichung der Normalen in diesem Punkte? Wie lang sind die Krümmungsradien?

2. Eine Ellipse hat die Gleichung $\dfrac{x^2}{a^2} + \dfrac{y^2}{b^2} = 1$. Bestimme die Koordinaten des Diagonalpunktes im ersten Quadranten und die Gleichung der Tangente in diesem Punkte. Wähle nachher speziell $a = 10$; $b = 6$ cm. Berechne die Länge des Tangentenabschnittes zwischen den Koordinatenachsen.

3. In die Ellipse $\dfrac{x^2}{a^2} + \dfrac{y^2}{b^2} = 1$ ist ein Quadrat gezeichnet, dessen Seiten zu den Koordinatenachsen parallel laufen und dessen Ecken auf der Ellipse liegen. Fläche des Quadrates? Inhalt des Rhombus, dessen Seiten die Tangenten in diesen Punkten sind?

4. Eine Ellipse von der Gleichung $\dfrac{x^2}{a^2} + \dfrac{y^2}{b^2} = 1$ geht durch die Punkte $(6;\ 4)$ und $(8;\ 3)$. Wie lang sind die Achsen?

5. Beweise: Bringt man eine beliebige Tangente mit den Tangenten in den Scheitelpunkten der großen Achse zum Schnitt, so ist das Produkt der Scheiteltangentenabschnitte konstant, nämlich b^2.

6. In einen Rhombus mit der Seite $2r$ und dem spitzen Winkel α zwischen zwei Seiten soll eine Ellipse gezeichnet werden, welche die Seiten in den

Mitten berührt. Berechne die Halbachsen a und b und konstruiere hernach die Halbachsen.

7. An die Ellipse $9\,x^2 + 25\,y^2 = 225$ sind Tangenten parallel zur Geraden $y = -\,0,8\,x + 1,4$ gezogen. Wie lauten ihre Gleichungen?

Allgemein gilt: die Tangenten an die Ellipse $b^2\,x^2 + a^2\,y^2 - a^2\,b^2 = 0$ mit der Steigung m haben die Gleichung

$$y = m\,x \pm \sqrt{a^2\,m^2 + b^2}\,.$$

8. Wie lautet die Scheitelgleichung einer Ellipse, wenn man den Nullpunkt des Koordinatensystems im Punkte $(0;\,-\,b)$ wählt?

9. Wie lautet die Gleichung der Tangente in einem beliebigen Punkte $x_1;\,y_1)$ der Ellipse $y^2 = 2 \cdot \dfrac{b^2}{a}\,x - \dfrac{b^2}{a^2}\,x^2$?

10. Bestimme die Achsen und die Lage des Mittelpunktes der folgenden Ellipsen:

a) $25\,x^2 + 4\,y^2 - 200\,x - 40\,y + 400 = 0$.

b) $9\,x^2 + 25\,y^2 - 150\,y = 0$.

c) $x^2 + 4\,y^2 + 2\,x + 16y - 47 = 0$.

d) $x^2 + 4\,y^2 - 12\,x = 0$.

11. In den Schnittpunkten der Ellipse $x^2 + 4\,y^2 = 100$ mit der Geraden $y = -\,0,5\,x + 7$ werden die Tangenten gezogen; welchen Winkel schließen sie miteinander ein?

12. Ist t eine Tangente vom Richtungswinkel α an die Ellipse $b^2\,x^2 + a^2\,y^2 = a^2\,b^2$, dann gilt für den Abstand d des Mittelpunktes von t die Beziehung: $d^2 = a^2 \sin^2 \alpha + b^2 \cos^2 \alpha$.

13. Vom Punkte $P\,(0;\,5)$ aus zieht man die Tangenten t_1 und t_2 an die Ellipse $9\,x^2 + 25\,y^2 = 225$. Winkel zwischen t_1 und t_2?

11. Von einer Ellipse kennt man die große Achse $2a$ und einen Punkt P. Um die kleine Achse zu finden, schlägt man um P einen Kreisbogen mit dem Radius a und bringt ihn zum Schnitt mit der Mittelsenkrechten der großen Achse. Ist A der näher bei O gelegene Schnittpunkt, so zieht man $P\,A$; diese Gerade trifft die große Achse in B. $P\,B$ ist die kleine Achse. Beweis.

15. Die Endpunkte einer Strecke $A\,B$ von konstanter Länge gleiten auf zwei zueinander senkrecht stehenden Achsen. Welche Bahn beschreibt ein beliebiger Punkt der Strecke?

16. Welche Kurve entsteht, wenn man die durch die Gleichungen $s = r \cdot \sin(\omega t)$; $v = r \cdot \omega \cdot \cos(\omega t)$ gegebenen Werte als Abszisse und Ordinate eines Punktes deutet?

17. Eine Strecke $O\,A = R$ dreht sich mit konstanter Winkelgeschwindigkeit ω um den Punkt O; gleichzeitig dreht sich eine Strecke $A\,B = r$, die in A mit der ersten gelenkartig verbunden ist, mit der doppelten Winkelgeschwindigkeit im entgegengesetzten Sinne. Welche Bahn beschreibt der Punkt B? Es sei $R > r$. Man nehme als Ausgangsstellung jene Lage, wo $O\,A\,B$ in dieser Reihenfolge in einer Geraden liegen. Diese Stellung sei auch die X-Achse und O der Nullpunkt.

18. Ein beliebiger Punkt P der Ellipse werde mittels der Scheitelkreise konstruiert. $O\,A$ sei der entsprechende Radius des großen Kreises. Beweise: Der Schnittpunkt der Normalen zur Ellipse durch P mit dem verlängerten Radius $O\,A$ liegt auf einem Kreis mit dem Radius $(a + b)$.

19. Die Schnittpunkte aller Tangenten, von denen aus zwei aufeinander senkrechte Tangenten an die Ellipse $b^2 x^2 + a^2 y^2 = a^2 b^2$ gezogen werden können, liegen auf einem Kreise mit dem Radius $\sqrt{a^2 + b^2}$.

20. Durch die Punkte $C\,(-a;0)$ und $D\,(+a;0)$ wird ein Halbkreis gelegt mit Mittelpunkt in O. Ziehe in C und D die Tangenten an den Kreis. In einem beliebigen Punkte Q des Halbkreises zieht man eine Tangente $A\,B$. A ist ihr Schnittpunkt mit der Tangente in D; B mit der Tangente in C. Die Diagonalen $C\,A$ und $D\,B$ des Trapezes treffen sich in P. Welches ist der Ort von P, wenn sich die Tangente $A\,B$ verändert? ($x_1\,y_1$ seien die Koordinaten von Q; Elimination der Koordinaten $x_1\,y_1$ aus den Gleichungen der Geraden $A\,C$ und $B\,D$ liefert die gesuchte Gleichung.)

21. Ist $P\,(x_1;y_1)$ ein beliebiger Punkt auf einer Ellipse $b^2 x^2 + a^2 y^2 = a^2 b^2$, sind A_1 (rechts) und A_2 (links) die Scheitel auf der großen Achse, dann gilt: Bringt man die Tangente in P mit der Scheiteltangente in A_1 zum Schnitt in Q, dann ist immer OQ parallel zu $A_2 P$.

22. Sind N_1 und N_2 die Schnittpunkte der Normalen im Punkte $P\,(x_1;y_1)$ der Ellipse mit der Haupt- und Nebenachse, dann gilt $P N_1 : P N_2 = b^2 : a^2$.

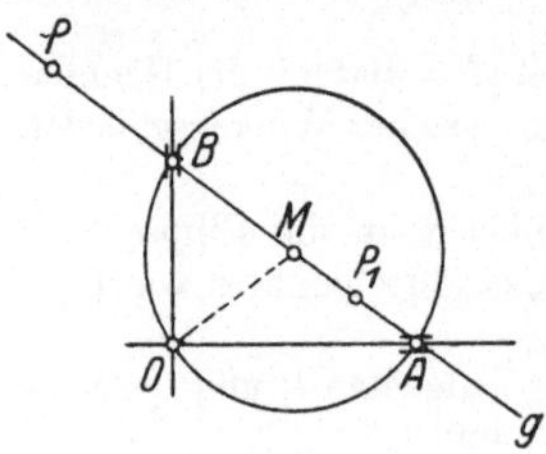

Abb. 77.

23. P_1 und P_2 seien zwei symmetrische Punkte auf der Ellipse bezüglich der großen Achse, A sei der Scheitelpunkt $(a;0)$. Ziehe durch P_1 eine Parallele zur großen Achse und bringe sie mit der Geraden $P_2 A$ in Q zum Schnitt. Ort von Q?

19. Gleiten zwei feste Punkte $A\,B$ einer Geraden auf zwei zueinander senkrechten Achsen $O A; O B$, so beschreibt jeder andere Punkt der Geraden eine Ellipse. Liegt der Punkt P außerhalb der Strecke $A\,B$, so ist $A P$ die eine, $B P$ die andere Halbachse der Ellipse (Ellipsenzirkel, §42). Liegt P_1 innerhalb der Strecke $A B$, so beschreibt er ebenfalls eine Ellipse mit den Halbachsen $A P_1$ und $B P_1$ (Übung 15). Nur der Mittelpunkt M der Strecke $A B$ beschreibt einen Kreis mit dem Radius $A M = B M = O M$ (Abb. 77).

Wir können $A B$ als Durchmesser eines Kreises durch O auffassen und ihn mit der gleitenden Geraden g fest verbunden denken. Dann können wir die soeben genannten Resultate auch so formulieren: *Gleiten die Endpunkte eines Kreisdurchmessers auf zwei zueinander senkrechten Achsen, so beschreibt jeder andere Punkt dieses Durchmessers oder seiner Verlängerung eine Ellipse.*

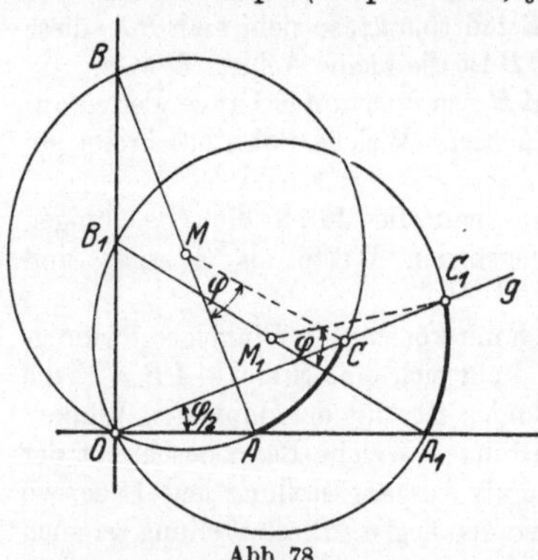

Abb. 78.

Wie bewegen sich dabei die Punkte auf dem *Kreisumfang*? Wir zeichnen zwei Lagen des Kreises. $A B =$ erste, $A_1 B_1 =$ zweite Lage (Abb. 78). C sei ein beliebiger dritter Punkt auf dem Kreisumfang, C_1 der entsprechende

Punkt in der zweiten Lage. Der zu den Bogen $AC = A_1C_1$ gehörige Zentri-winkel sei φ. Dann ist der Peripheriewinkel

$$AOC = A_1OC_1 = \frac{\varphi}{2}$$

und da die Punkte $A A_1$ auf einer Geraden durch O liegen, liegen auch die Punkte C, C_1 auf einer Geraden g durch O. Wir erkennen also: *Gleiten die Endpunkte eines festen Kreisdurchmessers auf zwei zueinander senkrechten Achsen, so beschreibt jeder andere Punkt des Kreisumfangs eine Gerade durch den Schnittpunkt O der Achsen.*

Es sei nun a eine Gerade, welche zwei festliegende Gerade g und l in den Punkten C und D schneidet (Abb. 79). *Wenn die Strecke CD mit ihren Endpunkten auf den Geraden g und l gleitet, so beschreibt jeder andere Punkt auf der Geraden a eine Ellipse.* Denn ist z. B. P ein solcher Punkt, so zeichnen wir den *Kreis durch C, D, O* und die Sekante PM. Diese liefert die Punkte A und B auf dem Kreise. Wenn nun die Strecke AB mit ihren Endpunkten auf den Geraden OX; OY gleitet, so gleiten zugleich die Punkte C und D auf g und l und der Punkt P beschreibt, weil er beständig auf dem Durchmesser AB liegt, eine Ellipse mit den Achsenrichtungen OX und OY und den Halbachsen AP und BP.

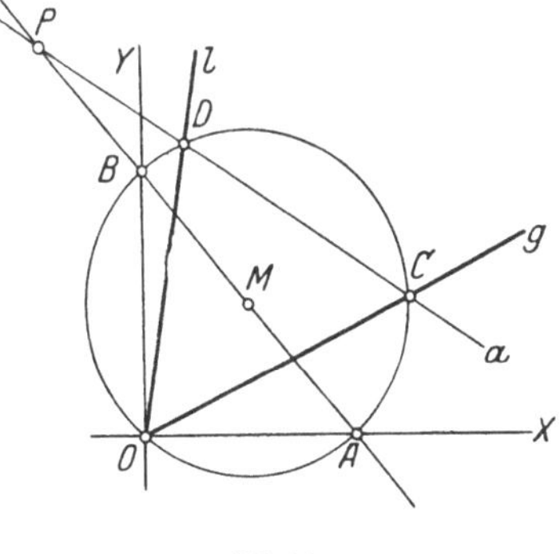

Abb. 79.

Zeichne für verschiedene Punkte auf a die elliptischen Bahnkurven (Papierstreifenkonstruktion), wenn $OC = CD = OD = 5$ cm ist.

§ 48. Die Ellipse als Kreisprojektion. Fläche der Ellipse.

Es liege eine Ellipse und der große Scheitelkreis gezeichnet vor. Nach § 40 Gl. (1) ist $PC = \frac{b}{a} \cdot QC$. Denken wir uns nun den Scheitelkreis aus der Papierebene, der Ebene der Ellipse, um den Durchmesser A_1A_2 herausgedreht, bis der Punkt D senkrecht über B_1 liegt, dann liegt *jeder* andere Kreispunkt genau senkrecht über oder unter dem entsprechenden Ellipsenpunkt. Man kann also die Ellipse als Orthogonalprojektion des Kreises auffassen. Denn die Ordinate QC hat in der Projektion die Länge $QC \cdot \cos\alpha$, wenn α den Winkel zwischen Kreis- und Papierebene bedeutet.

Aber wie man aus dem Seitenriß rechts ersieht (Abb. 80), ist $\cos \alpha = b : a$. somit die Länge der Projektion von QC gegeben

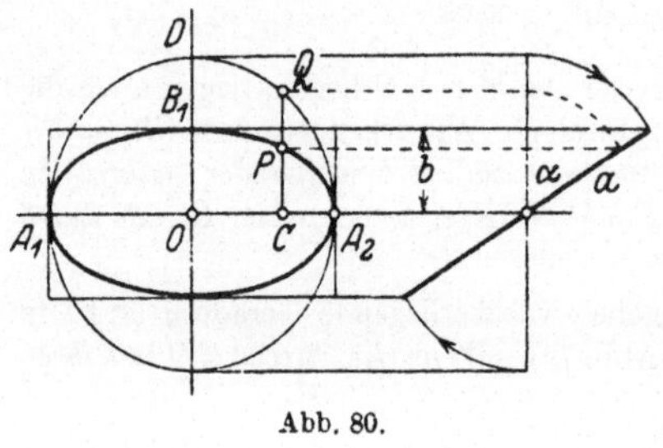

durch $QC \cdot \dfrac{b}{a}$; dies ist aber PC.

Aus der Fläche des Kreises folgt daher die Fläche der Ellipse; diese ist gleich

$$F = a^2 \cdot \pi \cdot \cos \alpha = a^2 \pi \cdot \frac{b}{a}$$
$$= ab\pi;$$
$$\boldsymbol{F = a\,b\,\pi.}$$

Abb. 80.

Ganz allgemein findet man ein Flächenstück (Sektor, Segment usf.) der Ellipse, indem man das entsprechende (affine) Flächenstück des großen Scheitelkreises mit $b : a$ multipliziert.

§ 49. Konjugierte Durchmesser.

Aus den Beziehungen zwischen Kreis und Ellipse lassen sich manche Sätze über die Ellipse ableiten (Abb. 81). Denken wir

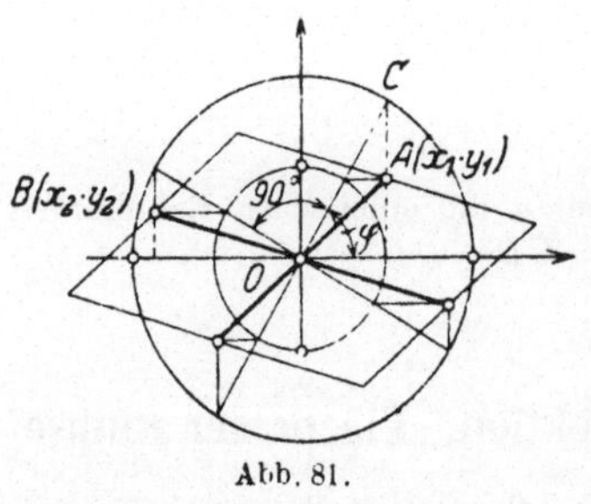

uns im großen Scheitelkreis irgend zwei zueinander senkrecht stehende Durchmesser samt den Tangenten in ihren Endpunkten gezeichnet. Diesen Kreisdurchmessern entsprechen in der Projektion zwei Durchmesser der Ellipse, die man „konjugierte Durchmesser" nennt. Dem Tangentenquadrat beim Kreis entspricht ein Tangentenparallelogramm in der Ellipse, dessen Seiten

Abb. 81.

von der Ellipse in den Mitten berührt werden. Zu jedem Durchmesser der Ellipse gehört ein ganz bestimmter anderer Durchmesser als der zu ihm konjugierte. Die Tangenten in den Endpunkten eines Durchmessers sind parallel dem konjugierten Durchmesser.

Die Fläche des dem Kreis umschriebenen Quadrates ist $4a^2$; daher ist die Fläche jedes Tangentenparallelogramms der Ellipse, dessen Seiten zwei konjugierten Durchmessern parallel sind, von konstantem Flächeninhalte; denn seine Fläche F ist

$$F = 4a^2 \cdot \cos \alpha = 4\,a^2 \cdot \frac{b}{a} = 4ab,$$

gleich dem Inhalt des Rechtecks, mit den Scheiteltangenten als Seiten.

Es seien nun $OA = a_1$ und $OB = b_1$ zwei konjugierte Halbmesser. $(x_1; y_1)$ und $(x_2; y_2)$ seien die Koordinaten von A und B (Abb. 81). OC schließe mit der X-Achse den Winkel φ ein. Dann ist

$$\begin{aligned} x_1 &= a \cdot \cos \varphi \\ y_1 &= b \cdot \sin \varphi \end{aligned} \quad \text{und} \quad \begin{aligned} x_2 &= a \cdot \cos (90 + \varphi) = -a \cdot \sin \varphi \\ y_2 &= b \cdot \sin (90 + \varphi) = \quad b \cdot \cos \varphi. \end{aligned}$$

Durch Quadrieren und Addieren folgt

$$(x_1^2 + y_1^2) + (x_2^2 + y_2^2) = a^2 + b^2;$$
$$x_1^2 + y_1^2 = a_1^2; \quad x_2^2 + y_2^2 = b_1^2;$$

somit

$$\boldsymbol{a_1^2 + b_1^2 = a^2 + b^2} = \text{konstant}.$$

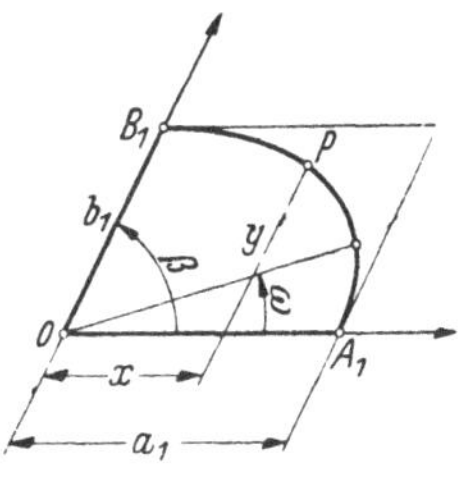

Abb. 82.

Die Summe der Quadrate zweier konjugierter Halbmesser hat immer den gleichen Wert, wie man auch das Paar konjugierter Halbmesser in der Ellipse wählen mag.

Sind zwei konjugierte Halbmesser a_1 und b_1 gegeben und ist β der Winkel, den sie miteinander einschließen, so kann man die Halbachsen der Ellipse *berechnen* und konstruieren.

Es ist $\qquad a^2 + b^2 = a_1^2 + b_1^2$

und $\qquad\qquad 2\,ab = 2\,a_1 b_1 \cdot \sin \beta;$

somit $\quad (a + b)^2 = a_1^2 + b_1^2 + 2\,a_1 b_1 \cdot \sin \beta = e$

$\qquad\quad (a - b)^2 = a_1^2 + b_1^2 - 2\,a_1 b_1 \cdot \sin \beta = f;$

also $\qquad a = \dfrac{\sqrt{e} + \sqrt{f}}{2} \quad$ und $\quad b = \dfrac{\sqrt{e} - \sqrt{f}}{2}.$

ω sei der Winkel, den die große Achse mit a_1 einschließt (Abb. 82). ω sei ein Teil von β und $\beta < 90°$. Man könnte zeigen, daß ω gefunden werden kann aus

$$\operatorname{tg}(2\,\omega) = \frac{b_1^2 \sin (2\,\beta)}{a_1^2 + b_1^2 \cos (2\,\beta)}.$$

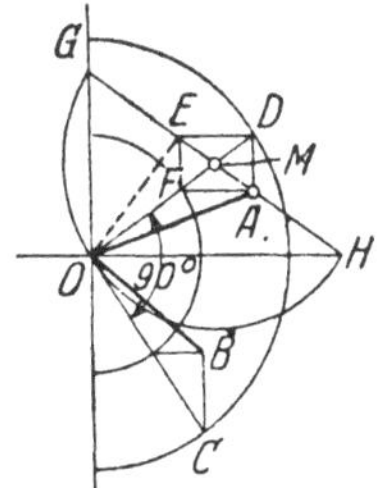

Abb. 83.

Um die Halbachsen zu *konstruieren*, beachte man: Ist in Abb. 83 OC senkrecht OD und dreht man OC mit OB um 90° nach oben, so kommt OC auf OD und OB nach OE. Das Viereck $ADEF$ ist ein Rechteck und die Strecke GH ist $(a + b)$; $OF = AH = b$; $AG = OD = a$.

Sind also OA und OB gegeben, so dreht man OB nach OE, zieht eine Gerade durch AE und schlägt um M, den Mittelpunkt von AE, einen Halbkreis durch O. So erhält man G und H.

OH und OG liefern die *Richtungen*,
AG und AH geben die *Längen* der Halbachsen.

In Abb. 81 seien γ_1 und γ_2 die Winkel, welche OA und OB mit der positiven X-Achse einschließen. Es ist

$$x_1 = a \cdot \cos\varphi \; \big| \qquad x_2 = -a \cdot \sin\varphi$$
$$y_1 = b \cdot \sin\varphi \; \big| \quad \text{und} \quad y_2 = \; b \cdot \cos\varphi\,,$$

somit

$$\operatorname{tg}\gamma_1 = \frac{y_1}{x_1} = \frac{b}{a} \cdot \operatorname{tg}\varphi \quad \text{und} \quad \operatorname{tg}\gamma_2 = \frac{y_2}{x_2} = -\frac{b}{a} \cdot \operatorname{ctg}\varphi\,,$$

woraus folgt $\qquad\qquad \mathbf{\operatorname{tg}\gamma_1 \cdot \operatorname{tg}\gamma_2 = -\dfrac{b^2}{a^2}}\,. \qquad\qquad\qquad (1)$

Das Produkt der Steigungen zweier konjugierter Durchmesser ist konstant. Hat etwa OA die Steigung m, so ist die Steigung des konjugierten Durchmessers $-\dfrac{b^2}{a^2 m}$. Die Geraden

$$y = mx \quad \text{und} \quad y = -\frac{b^2}{a^2 m}\,x \qquad\qquad (2)$$

schneiden aus der Ellipse konjugierte Durchmesser.

In Abb. 84 entspreche OA der Geraden $y = mx$ und OC der Geraden

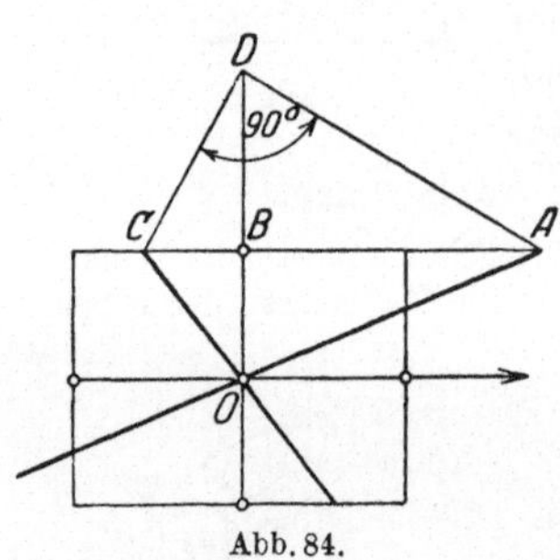

Abb. 84.

$y = -\dfrac{b^2}{a^2 m}\,x$. Wir bestimmen die Abszissen der Schnittpunkte A und C mit der Scheiteltangente $y = b$.

Für A ist $b = m x_1$,

$$\text{also} \quad x_1 = \frac{b}{m} = BA\,,$$

für C ist $b = -\dfrac{b^2}{a^2 m}\,x_2$,

$$\text{also} \quad x_2 = -\frac{a^2}{b} \cdot m = BC\,,$$

woraus folgt:

$$BA \cdot BC = x_1 \cdot x_2 = -a^2\,. \qquad (3)$$

Hieraus folgt eine einfache *Konstruktion* von konjugierten Richtungen. Verlängere OB bis D, so daß $BD = a$, ziehe CD senkrecht zu AD. OC ist dann die zu OA konjugierte Richtung. Ferner folgt aus der Figur, daß der Winkel AOC stets stumpf ist, weil $OB = b < a$ ist. Die Durchmesser werden durch die Achsen der Ellipse stets getrennt, die kleine Achse durchschneidet stets den stumpfen Winkel zwischen zwei konjugierten Durchmessern. Rückt A nach rechts ins Unendliche, so rückt C nach B. Die Hauptachsen sind konjugierte Durchmesser, und zwar die einzigen, die aufeinander senkrecht stehen.

Beispiele.

1. Man kann Punkte und Tangenten einer Ellipse leicht konstruieren, wenn ein Paar konjugierter Durchmesser gegeben ist. In der Abb. 85 er-

kennen wir (rechts) leicht die affine Figur von Abb. 35 (S. 47). OA beliebig.
FP parallel dazu, DB parallel OE. AB-Tangente; $P =$ Berührungspunkt.

In der linken Hälfte der
Abb. 85 ist die Konstruktion
eines *Diagonalpunktes* Q mit
der Tangente gezeigt.

2. Aus der Tatsache, daß
Teilverhältnisse von parallelen Strecken durch Paral-
lelprojektion nicht verändert werden, folgt aus der
Gleichung des Kreises

$$\left(\frac{x}{r}\right)^2 + \left(\frac{y}{r}\right)^2 = 1 \text{ ohne weiteres}$$

$$\left(\frac{x}{a_1}\right)^2 + \left(\frac{y}{b_1}\right)^2 = 1, \text{ als Glei-}$$

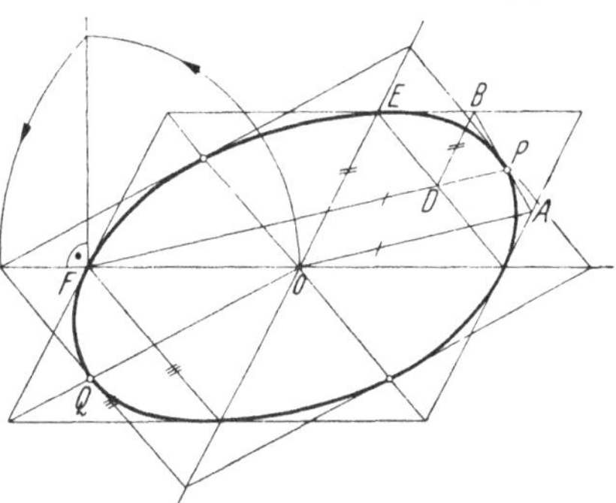

Abb. 85.

chung einer Ellipse bezogen auf ein *schiefwinkliges Koordinatensystem*.
$OA_1 = X$-Achse, $OB_1 = Y$-Achse (Abb. 82).

3. Gleichung einer Ellipse: $x^2 : 16 + y^2 : 4 = 1$; die Gerade $y = 0,5\,x$
schneidet die Ellipse im ersten Quadranten im Punkte A_1. OA_1 ist ein Halbmesser, OB_1 sei der konjugierte im 2. Quadranten. Berechne die Koordinaten
von A_1, B_1, die Längen $OA_1 = a_1$; $OB_1 = b_1$. Ist $a^2 + b^2 = a_1{}^2 + b_1{}^2$?

4. $a_1 = 13$; $b_1 = 9$ sind konjugierte Halbmesser einer Ellipse mit den
Halbachsen $a = 15$; $b = 5$. Berechne den Winkel β zwischen a_1, b_1.

5. $a_1 = 4$; $b_1 = 3$ cm. $\beta = 30°$. $a = ?$ $b = ?$ $\omega = ?$

6. Verbinde die Diagonalpunkte im 1. und 2. Quadranten einer Ellipse
durch eine Parallele zur großen Achse. Die Fläche des kleineren Ellipsen-
segments ist $\dfrac{ab}{4}(\pi - 2)$.

7. Ein Ellipsensektor hat als begrenzende Radien die große Halbachse
(rechts) und die 45°-Gerade im 1. Quadranten. Zeige, daß für $a = 5$;
$b = 3$ cm die Fläche des Sektors 7,8 cm² enthalt.

8. Ziehe in der Ellipse mit den Halbachsen $a = 5$; $b = 4$ cm die Radien
mit den Steigungswinkeln 60° und 135°. Der Ellipsensektor zwischen diesen
Radien mißt 11,07 cm².

§ 50. Brennpunkte der Ellipse.

Auf der großen Achse jeder
Ellipse gibt es zwei Punkte mit
merkwürdigen Eigenschaften. Wir
ziehen (Abb. 86) eine horizontale
Tangente an den kleinen Scheitelkreis und projizieren die Schnitt-

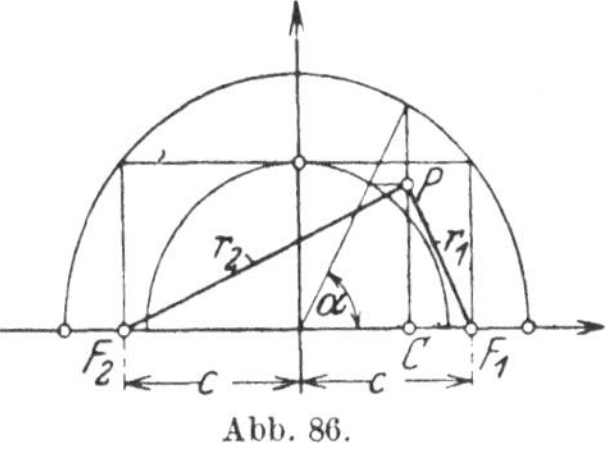

Abb. 86.

punkte dieser Tangente mit dem großen Scheitelkreis auf die
große Achse der Ellipse. So erhalten wir zwei Punkte F_1 und

F_2, sie heißen „Brennpunkte". Wir nennen $OF_1 = OF_2 = c$; dann ist offenbar

$$a^2 - b^2 = c^2 . \tag{1}$$

Ist nun P ein beliebiger Ellipsenpunkt, so nennen wir seine Entfernungen von F_1 und F_2 seine „Brennstrahlen" r_1 und r_2. Nun ist

$$F_1 C = c - a \cdot \cos \alpha \quad \text{und} \quad PC = b \cdot \sin \alpha ,$$

somit

$$r_1^2 = (c - a \cos \alpha)^2 + (b \sin a)^2 ,$$

oder auch, weil $b^2 = a^2 - c^2$ ist,

$$r_1^2 = (c - a \cos \alpha)^2 + (a^2 - c^2) \sin^2 \alpha$$
$$r_1^2 = a^2 - 2 ac \cdot \cos \alpha + c^2 \cos^2 \alpha = (a - c \cdot \cos \alpha)^2 ;$$

also

$$r_1 = a - c \cdot \cos \alpha . \; \Big\rvert$$

In ähnlicher Weise findet man

$$r_2 = a + c \cdot \cos \alpha , \; \Big\rvert \tag{2}$$

woraus folgt

$$\boldsymbol{r_1 + r_2 = 2\,a} . \tag{3}$$

Demnach ist die Summe der Abstände irgendeines Punktes auf der Ellipse von den Brennpunkten immer gleich der großen Achse.

Die Ellipse ist also auch der Ort aller Punkte in einer Ebene, für welche die Summe der Abstände von zwei festen Punkten konstant ist.

Sind die Punkte F_1 und F_2 und die konstante Summe $2a$ gegeben, die natürlich größer sein muß als $2c$, so kann die Ellipse offenbar auch so konstruiert werden: Man nehme eine Strecke $u < 2\,a$ in den Zirkel und schlage um F_1 einen Kreis, dann mit der Zirkelöffnung $2\,a - u$ um den andern Brennpunkt einen Kreis; die Schnittpunkte beider Kreise sind Punkte der Ellipse, denn es ist $u + (2\,a - u) = r_1 + r_2 = 2\,a$.

Die Strecke c nennt man auch die „*lineare Exzentrizität*" und das Verhältnis $c : a = e$ die „*numerische Exzentrizität*" der Ellipse. Es ist $e = c : a$ eine reine Zahl, kleiner als 1.

Da $\cos \alpha = \dfrac{x}{a}$ ist, können wir die Brennstrahlen r_1 und r_2 nach Gl. (2) berechnen aus

$$r_1 = a - \frac{c}{a}\, x = a - e\, x \; \Big\rvert$$
$$r_2 = a + \frac{c}{a}\, x = a + e\, x . \; \Big\rvert \tag{4}$$

Die Tangente in einem Punkte P der Ellipse kann auch mit Hilfe der zugehörigen Brennstrahlen konstruiert werden. Aus der Steigung der Tangente folgt jene der Normalen zu $\dfrac{a^2}{b^2} \cdot \dfrac{y_1}{x_1}$ und aus der Gleichung der Normalen findet man für die Strecken in Abb. 87

$$NQ = x_1 - x = \frac{b^2}{a^2}\, x_1 \,,$$

somit

$$ON = x = x_1 - \frac{b^2}{a^2}\, x_1 = \frac{a^2 - b^2}{a^2}\ x_1$$

$$= \frac{c^2}{a^2} \cdot x_1 \,.$$

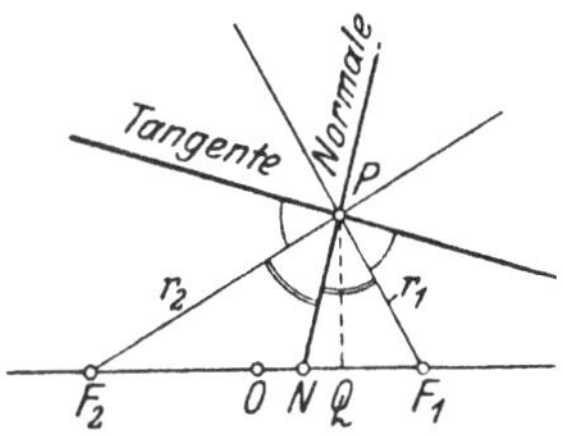

Somit ist

$$F_1 N = c - \frac{c^2}{a^2}\, x_1 = \frac{c}{a}\left(a - \frac{c}{a}\, x_1\right)$$

Abb. 87.

und

$$F_2 N = c + \frac{c^2}{a^2}\, x_1 = \frac{c}{a}\left(a + \frac{c}{a}\, x_1\right), \quad \text{woraus folgt}$$

$$F_1 N : F_2 N = r_1 : r_2 \,,$$

d. h. die Normale PN halbiert den Winkel zwischen den Brennstrahlen in P, oder auch: die Tangente schließt mit den Brennstrahlen im Berührungspunkt gleiche Winkel ein.

Übungen.

1. Ein Kreis mit dem Radius r berührt einen größeren Kreis mit Radius R von innen. Welches ist der Ort der Mittelpunkte aller Kreise, die zwischen den beiden Kreisen liegen und beide berühren? Wähle die Verbindungslinie der Mittelpunkte M_1 und M_2 der beiden gegebenen Kreise zur X-Achse und den Mittelpunkt der Strecke $M_1 M_2$ zum Nullpunkt.

2. Beweise: Die Ordinate im Brennpunkt der Ellipse $\dfrac{x^2}{a^2} + \dfrac{y^2}{b^2} = 1$ ist gleich dem Radius des kleinern Krümmungskreises.

3. Schlage um einen Brennpunkt F_2 einen Kreis mit dem Radius $2a$ und verbinde einen beliebigen Punkt A dieses Kreises mit F_2 und F_1. Beweise: Die Mittelsenkrechte zur Strecke AF_1 ist eine Tangente an die Ellipse und der Berührungspunkt P ist der Schnittpunkt dieser Tangente mit der Geraden AF_2.

4. Nenne B den Mittelpunkt der Strecke AF_1 in Aufgabe 3 und beweise $MB = a$. Wo liegen demnach die Fußpunkte aller Lote, die man von einem Brennpunkt auf die Tangenten einer Ellipse errichten kann? Wo liegen die symmetrischen Punkte zu einem Brennpunkte bezüglich der Tangenten einer Ellipse?

5. Beweise: Das Produkt der Abstände der Brennpunkte von einer beliebigen Tangente einer Ellipse ist konstant, nämlich gleich b^2.

6. Beweise: Ist der Mittelpunkt der Ellipse der Pol und die große Achse die Polarachse, dann heißt die Polargleichung $r^2 = b^2 : (1 - e^2 \cos^2 \varphi)$.

Wählt man aber einen Brennpunkt zum Pol und die von ihm ausgehende Gerade nach dem nächstliegenden Scheitel zur Polarachse, dann gilt

$$r = \frac{b^2}{a} : (1 + e \cos \varphi).$$

7. Das zwischen den beiden Hauptscheiteltangenten liegende Stück einer beliebigen Ellipsentangente wird von jedem Brennpunkte aus immer unter einem rechten Winkel gesehen.

8. Die Tangenten von einem Punkte P an eine Ellipse schließen mit den Strahlen PF_1 und PF_2 gleiche Winkel ein. — Die Gerade PF_1 halbiert den Winkel zwischen den Strahlen von F_1 nach den Berührungspunkten der Tangenten.

9. Aus zwei Brennstrahlen $r_1\, r_2$ und ihrem Zwischenwinkel γ findet man

$$a = \frac{1}{2}\,(r_1 + r_2); \quad b = \sqrt{r_1\, r_2} \cdot \cos \frac{\gamma}{2}.$$

10. Es mögen bezeichnen: A_1, A_2 die Endpunkte der großen, B_1, B_2 jene der kleinen Achse. $A_1 A_2 = 2\,a$; $B_1 B_2 = 2\,b$. F_1 und F_2 Brennpunkte; F_1 bei A_1; $M = $ Mittelpunkt; $t = $ Tangente, $P = $ Punkt auf der Ellipse. $P_1, t_1 = $ Tangente mit Berührungspunkt. Konstruiere die Ellipse aus.

1. A_1, A_2 und t. 2. t mit P, Richtung der großen Achse und F_1. 3. F_1, t mit P, Länge $2\,a$. 4. F_1 und zwei Tangenten, Richtung der großen Achse. 5. $B_1 F_1$, P. 6. $F_1 F_2 t$. 7. $F_1 a\ P_1 t_1$. 8. $M_1 a\ P_1 t_1$. 9. $F_1 t_1 t_2 a$.

VIII. Die Hyperbel.

§ 51. Flächengleiche Parallelogramme. Achsengleichung.

Durch einen beliebigen Punkt P zwischen zwei Geraden g und l (Abb. 88), die sich unter einem Winkel $2\,\alpha$ im Punkte O schneiden, ziehen wir zwei Parallele PR und PQ zu g und l, wodurch ein Parallelogramm $ORPQ$ entsteht. Wir fragen nun: auf welcher Kurve muß sich der Punkt P in diesem Winkelraume oder in dem seines Scheitelwinkels bewegen, damit er mit den beiden Geraden g und l und den dazu Parallelen, die durch ihn gezogen werden, *Parallelogramme von konstantem Flächeninhalte bestimmt*? Die zu bestimmende Kurve nennen wir *Hyperbel*.

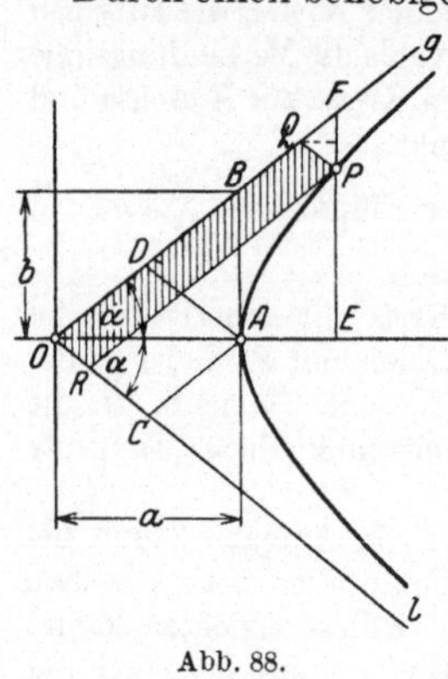

Abb. 88.

Um ihre Gleichung zu erhalten, wählen wir O als Nullpunkt und die Halbierungslinie des Winkels $2\,\alpha$ als X-Achse. Der Punkt P habe in irgendeiner Stellung die Koordinaten $x = OE$ und $y = EP$. Wir verlängern EP bis zum Punkte F auf g; dann ist das Dreieck PQF gleichschenklig und es ist

$$PQ = QF = OR.$$

Wir berechnen nun die Seiten OQ und OR des Parallelogramms $ORPQ$. Offenbar ist

$$(OQ + QF) \cdot \cos \alpha = (OQ + OR) \cos \alpha = x$$

und $\quad (OQ - PQ) \cdot \sin \alpha = (OQ - OR) \sin \alpha = y$.

Hieraus folgt

$$OQ = \frac{1}{2} \left(\frac{x}{\cos \alpha} + \frac{y}{\sin \alpha} \right)$$

$$OR = \frac{1}{2} \left(\frac{x}{\cos \alpha} - \frac{y}{\sin \alpha} \right).$$

Somit ist der Inhalt J des Parallelogramms

$$OQ \cdot OR \cdot \sin (2\,\alpha) = J = \frac{1}{4} \left(\frac{x^2}{\cos^2 \alpha} - \frac{y^2}{\sin^2 \alpha} \right) \cdot \sin 2\,\alpha$$

oder $\qquad J = \frac{1}{2} \left(x^2 \operatorname{tg} \alpha - y^2 \cdot \operatorname{ctg} \alpha \right).$ $\qquad\qquad$ (1)

Liegt P in A und nennen wir $a = OA$ und die Ordinate $AB = b$, so ist der Inhalt des Rhombus $OCAD = \dfrac{ab}{2}$; ferner ist $\operatorname{tg} \alpha = \dfrac{b}{a}$ und $\operatorname{ctg} \alpha = \dfrac{a}{b}$. Diese Werte in Gl. (1) eingesetzt gibt

$$\frac{ab}{2} = \frac{1}{2} \left(x^2 \cdot \frac{b}{a} - y^2 \cdot \frac{a}{b} \right),$$

oder mit $\dfrac{a\,b}{2}$ dividiert

$$\boldsymbol{\frac{x^2}{a^2} - \frac{y^2}{b^2} = 1} \qquad\qquad (2)$$

Gl. (2) nennen wir die *Achsengleichung der Hyperbel.*

§ 52. Asymptoten. Scheitel. Achsen.

Die Gl. (2) enthält nur quadratische Glieder in x und y, woraus wir schließen, daß die Hyperbel achsensymmetrisch bezüglich der Koordinatenachsen und zentrisch symmetrisch in bezug auf den Nullpunkt ist. O heißt der „Mittelpunkt" der Hyperbel. Die vollständige Hyperbel besteht aus den zwei zur Y-Achse symmetrischen „Ästen". Wir lösen Gl. (2) nach y auf:

$$y = \pm \frac{b}{a} \sqrt{x^2 - a^2} \, . \tag{1}$$

Jetzt erkennen wir leicht, so lange $|x| < a$ ist, erhalten wir kein reelles y. Ist $x = \pm a$, so wird $y = 0$; das ist für die Punkte A_1, A_2 der Fall. Diese beiden Punkte werden die „Scheitel" und die Strecke $A_1 A_2$ die „Hauptachse" oder kurz „Achse" der Hyperbel genannt. Ist aber $|x| > a$, so liefert jeder noch so große Wert $|x|$ einen reellen Wert y. Die Hyperbel erstreckt sich also nach rechts und links ins Unendliche. Aber aus der Flächengleichheit der durch die Hyperbelpunkte bestimmten Parallelogramme folgt, daß sich die Kurve immer näher an die Geraden g und l anschmiegt. Man sagt, die Geraden g und l berühren die Hyperbel erst im „Unendlichen" oder sie seien Tangenten an die unendlich fernen Punkte der Hyperbel. Tangenten, welche eine Kurve erst im Unendlichen berühren, die aber vom „Endlichen" ausgehen, nennt man „Asymptoten". Jede Hyperbel besteht also aus zwei getrennten Ästen, die sich in der Richtung der Asymptoten (g und l) ins Unendliche erstrecken. Die Verbindungslinie der Punkte $B_1(0;\ b)$ und $B_2(0;\ -b)$ heißt die „Nebenachse"; die Endpunkte der Nebenachse liegen nicht auf der Hyperbel (Abb. 89).

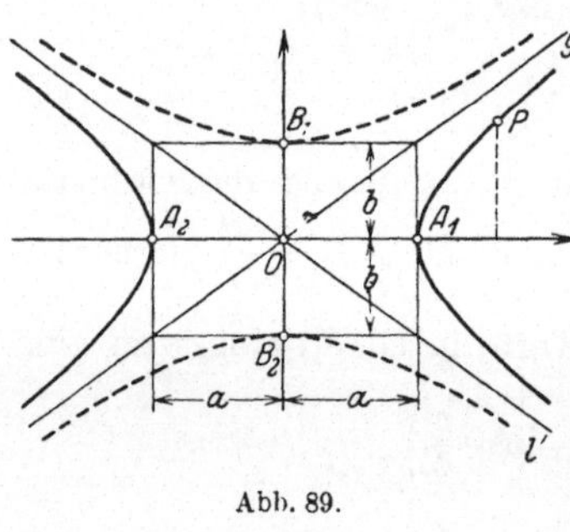

Abb. 89.

Die Asymptoten enthalten die Diagonalen des Rechtecks mit den Seiten $2a$ und $2b$ und ihre Gleichungen lauten

$$y = \frac{b}{a}\, x \ \text{(Gerade } g) \text{ und } y = -\frac{b}{a}\, x \ \text{(Gerade } l). \tag{2}$$

Hätte man den Punkt P (§ 51) in jenem Winkelraum angenommen, in dem B_1 liegt, so hätte man die Gleichung

$$\frac{y^2}{b^2} - \frac{x^2}{a^2} = 1 \tag{3}$$

gefunden. Dies ist ebenfalls eine Hyperbel mit den gleichen Asymptoten wie die erste. Sie ist in der Abbildung gestrichelt gezeichnet und wird die zur ersten „konjugierte Hyperbel" genannt.

§ 53. Zwei Hyperbelkonstruktionen.

Sind von einer Hyperbel die zwei Asymptoten und ein Punkt
P gegeben (Abb. 90), so kann man leicht beliebig viele weitere
Punkte konstruieren. Wir beschränken
uns dabei auf die Konstruktion *eines*
Hyperbelastes. Man zieht durch den
gegebenen Punkt P zwei Hilfsgerade
a und b parallel zu den Asymptoten g
und l. Ist nun h eine beliebige Parallele zu g, welche a in A schneidet,
so ziehe man OA; das gibt B auf b.
Die Parallele zu l durch B liefert den

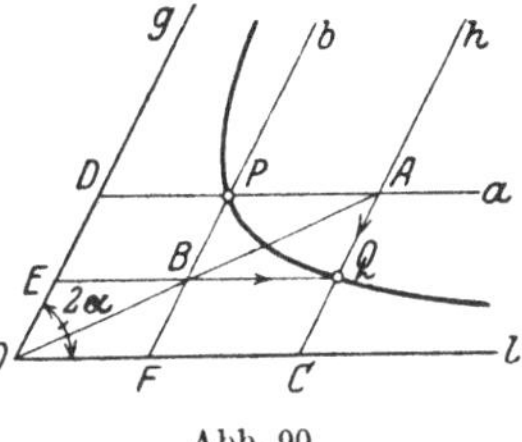
Abb. 90.

auf h liegenden neuen Punkt Q der Hyperbel. Denn bekanntlich
sind in dem Parallelogramm $OCAD$ die beiden Parallelogramme
$OFPD$ und $OCQE$ inhaltsgleich.

Die folgende zweite Konstruktion kann
ebenfalls benutzt werden, wenn von der
Hyperbel die Asymptoten und ein Punkt
P gegeben sind (Abb. 91). Nehmen wir
an, Q sei ein zweiter Punkt auf der Kurve;
wir ziehen die Sekante AB und durch
C die Parallele CD zu ihr. Dann ist
offenbar, weil auch die Parallelogramme

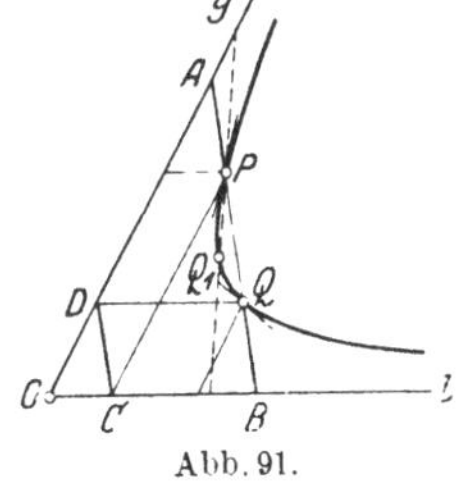
Abb. 91.

$APCD$ und $BQDC$ gleiche Fläche haben, $DC = AP = BQ$. Be-
merkenswert ist besonders

$$A\,P = B\,Q\,.$$

Zieht man also durch einen Hyperbelpunkt (P) eine beliebige
Sekante (AB), so sind die zwischen der Hyperbel und den Asymptoten liegenden Sekantenabschnitte $(AP$ und $BQ)$ gleich lang. Der
Punkt Q auf AB kann also gefunden werden, indem man $BQ = AP$
macht. Indem man durch P oder Q beliebige andere Sekanten
zieht, können beliebig viele neue Punkte der Hyperbel gefunden
werden.

§ 54. Konstruktion und Gleichung einer Tangente.

Wir denken uns in der Abb. 91 die Sekante AB um den
Punkt P gedreht, so daß der zweite Punkt Q sich dem Punkte P
nähert. Sobald Q nach P gelangt ist, wird die Sekante zur Tangente

in P. Dann aber ist (Abb. 92) $PE = PF$ und zugleich $OC = CE$ und $OD = DF$. Soll also die Tangente in P konstruiert werden,

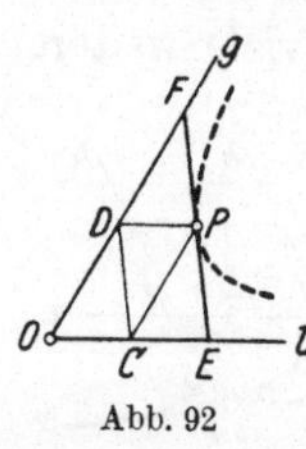

Abb. 92

so ziehe man PC parallel zu g, mache $OC = CE$; dann ist EP die Tangente in P. *Das zwischen den Asymptoten liegende Stück einer Hyperbeltangente wird also im Berührungspunkt halbiert.* Da ferner das Dreieck OEF die doppelte Fläche des Parallelogramms $OCPD$, dieses aber den Inhalt $\dfrac{ab}{2}$ hat

($\S\,51$), so bestimmt jede Hyperbeltangente mit den Asymptoten ein Dreieck von dem konstanten Inhalte $a \cdot b$.

Die Steigung der Tangente in $P\,(x_1;\,y_1)$ (Abb. 93) ist gleich der Steigung der Geraden EF. E habe die Koordinaten $(x_2 y_2)$ und $F\,(x_3;\,y_3)$. E liegt auf $y = -\dfrac{b}{a}\,x$ und F auf $y = \dfrac{b}{a}\,x$; daraus folgt

$$m = \frac{b^2}{a^2}\cdot\frac{x_2 + x_3}{y_2 + y_3} = \frac{b^2}{a^2}\cdot\frac{x_1}{y_1}{}^{1}, \qquad (1)$$

weil P der Mittelpunkt der Strecke EF ist.

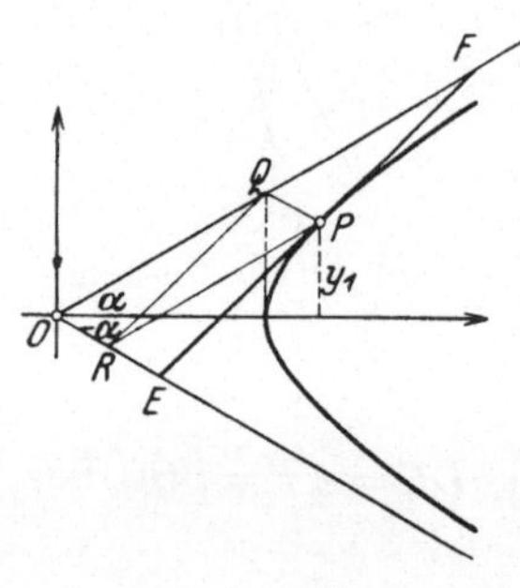

Abb. 93.

Somit lautet die Gleichung der Tangente im Punkte $(x_1;\,y_1)$

$$y - y_1 = \frac{b^2}{a^2}\cdot\frac{x_1}{y_1}\,(x - x_1). \qquad (2)$$

oder, wie früher, umgeformt in

$$\frac{x\,x_1}{a^2} - \frac{y\,y_1}{b^2} = 1 \qquad (3)$$

§ 55. Eine Parameterdarstellung.

Die beiden Gleichungen

$$x = a : \cos\varphi \qquad \text{und} \qquad y = b \cdot \operatorname{tg}\varphi \qquad (1)$$

repräsentieren eine Parameterdarstellung der Hyperbel. φ ist der

---

[1] D. R.: Aus der Gleichung der Hyperbel $b^2\,x^2 - a^2\,y^2 - a^2\,b^2 = 0$ folgt durch Differentieren nach x:

$$2\,b^2\,x - 2\,a^2 y \cdot \frac{dy}{dx} = 0,$$

woraus folgt

$$m = \left(\frac{dy}{dx}\right)_{x\,=\,x_1} = \frac{b^2}{a^2}\cdot\frac{x_1}{y_1}.$$

Parameter. Weil nämlich $1 : \cos^2 \varphi = 1 + \operatorname{tg}^2 \varphi$ ist, folgt aus jenen zwei Gleichungen wieder $x^2 : a^2 - y^2 : b^2 = 1$.

Aus der Gl. (1) folgt eine dritte Konstruktion der Hyperbel.

Wir schlagen um den Mittelpunkt O der Hyperbel zwei konzentrische Kreise mit den Radien a und b. (In der Abb. 94 ist nur der erste Quadrant gezeichnet.)

An diese „Scheitelkreise" ziehen wir die vertikalen Tangenten r und s. Irgendeine Gerade g durch O, mit dem Steigungswinkel φ, treffe r und s in den Punkten A und B. Wir schlagen um O den Kreisbogen AC und errichten in C das Lot zur X-Achse. Dieses Lot und die Horizontale durch B schneiden sich in einem Punkte P der Hyperbel mit den Halbachsen a und b. Aus der Konstruktion folgen nämlich die Gl. (1).

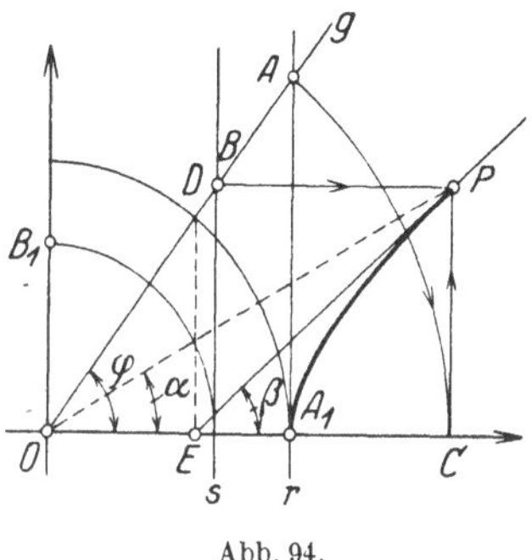

Abb. 94.

Eine Hyperbel mit aufeinander senkrecht stehenden Asymptoten heißt eine „*gleichseitige*" *Hyperbel*. Die Halbachsen a und b sind gleichlang. Die Gleichung der Hyperbel lautet in rechtwinkligen Koordinaten

$$x^2 - y^2 = a^2$$

und in Parameterform

$$x = \frac{a}{\cos \varphi} \quad \text{und} \quad y = a \cdot \operatorname{tg} \varphi.$$

§ 56. Beispiele.

1. *Beispiel.* Man zeichne die Hyperbel

$$\frac{y^2}{9} - \frac{x^2}{16} = 1 \quad \text{oder} \quad y = \frac{3}{4} \sqrt{x^2 + 16}.$$

Die reelle Achse ist auf der Y-Achse. Die Scheitel liegen in $B_1(0; 3)$ und $B_2(0; -3)$. Die Asymptoten haben die Gleichungen

$$y = \frac{3}{4} x \quad \text{und} \quad y = -\frac{3}{4} x.$$

$$\begin{array}{lcccccc}
\text{Für } x = & 0 & 2 & 4 & 6 & 8 & 10 \\
\text{wird } y = & \pm 3 & 3{,}35 & 4{,}24 & 5{,}4 & 6{,}7 & 8{,}1.
\end{array}$$

Die Gleichung der Tangente im Punkte $P(4; 3\sqrt{2})$ lautet

$$\frac{y \cdot 3 \sqrt{2}}{9} - \frac{4 x}{16} = 1 \quad \text{oder} \quad y = \frac{3}{8} \sqrt{2} \cdot x + \frac{3}{2} \sqrt{2}.$$

2. Beispiel. Der Gleichung $4\,x^2 - 9\,y^2 - 8\,x + 36\,y - 68 = 0$ entspricht eine Hyperbel. Wo ist der Mittelpunkt? Wie heißen die Gleichungen der Asymptoten?

Es ist $\qquad\qquad 4\,x^2 - 8\,x - 9\,y^2 + 36\,y = 68,$

oder $\qquad\qquad\quad 4\,(x^2 - 2\,x) - 9\,(y^2 - 4\,y) = 68,$

oder $\qquad\qquad\quad 4\,(x - 1)^2 - 9\,(y - 2)^2 = 68 + 4 - 36 = 36,$

oder $\qquad\qquad\quad \dfrac{(x - 1)^2}{9} - \dfrac{(y - 2)^2}{4} = 1.$

Der Gleichung entspricht eine Hyperbel mit dem Mittelpunkt $h = 1$; $k = 2$; der reellen Halbachse $a = 3$; der halben Nebenachse $b = 2$. Die Richtungen der Asymptoten sind $+\,2 : 3$ und $-\,2 : 3$; da sie durch den Punkt $(1 ; 2)$ gehen, lauten ihre Gleichungen

$$y - 2 = \frac{2}{3}\,(x - 1) \qquad \text{und} \qquad y - 2 = -\frac{2}{3}\,(x - 1)\,.$$

3. Beispiel. An die Hyperbel $x^2 - y^2 = a^2$ sind die unter $60°$ steigenden Tangenten gezogen; wie lauten ihre Gleichungen?

Die Steigung einer Tangente ist $\sqrt{3}$; der vorläufig unbestimmte Achsenabschnitt auf der Y-Achse sei c. Wir bestimmen die Schnittpunkte der Geraden $y = \sqrt{3} \cdot x + c$ mit der Hyperbel $x^2 - y^2 = a^2$. Die Abszissen würden gefunden aus $2\,x^2 + 2\,\sqrt{3}\,cx + (c^2 + a^2) = 0$. Soll die Gerade eine Tangente sein, so müssen die Wurzeln dieser Gleichung gleich groß sein; das ist der Fall, wenn $(c\sqrt{3})^2 - 2\,(c^2 + a^2) = 0$, also wenn $c = \pm\,a\,\sqrt{2}$. Die Gleichungen der Tangenten lauten somit

$$y = \sqrt{3} \cdot x + a\,\sqrt{2}\,; \quad y = \sqrt{3} \cdot x - a\,\sqrt{2}\,.$$

Übungen.

1. Zeichne die Hyperbel mit den Asymptoten

$$y = \frac{1}{2}\,x \quad \text{und} \quad y = -\frac{1}{2}\,x$$

und den Scheiteln $(0 ; 2)$ und $(0 ; -2)$. Wie heißt ihre Gleichung?

2. In welchen Punkten schneiden sich der Kreis $x^2 + y^2 = 2\,a^2$ und die Hyperbel $x^2 - y^2 = a^2$? Unter welchem Winkel schneiden sich die Kurven? Winkel = Winkel zwischen den Tangenten in einem Schnittpunkte.

3. Bestimme Mittelpunkt, Asymptotengleichungen und Länge der Achsen aus folgenden Hyperbelgleichungen:

a) $y^2 - x^2 - 2\,y + 2\,x - 4 = 0,$

b) $4\,x^2 - 24\,x - 9\,y^2 = 0,$

c) $y = 0{,}8 + \sqrt{4 + x^2},$

d) $A\,x^2 - B\,y^2 = C\,(A, B, C$ sind positive Zahlen$),$

e) $4\,x^2 + 8\,x - 3\,y^2 - 12\,y - 4 = 0.$

4. Wie heißt die Gleichung der Hyperbel mit den Asymptoten

$$y = \frac{2}{3}\,x \quad \text{und} \quad y = -\frac{2}{3}\,x\,,$$

die durch den Punkt $(4 ; 2)$ geht? (Setze $a = 3\,u$; $b = 2\,u$ und bestimme u.)

5. Wie heißt die Gleichung jener Kurve, deren Ordinaten das $\frac{b}{a}$ fache der Ordinaten der gleichseitigen Hyperbel $x^2 - y^2 = a^2$ sind?

6. Zeichne die Asymptoten und einen Punkt einer Hyperbel. Aus der Flächengleichheit der Parallelogramme folgt: die Hyperbel ist der Ort aller Punkte, für welche das Produkt der Abstände von zwei festen Geraden (den Asymptoten) konstant ist.

7. Ziehe durch einen Hyperbelpunkt P eine Parallele zur Nebenachse b und bringe sie in A und B zum Schnitt mit den Asymptoten. Beweise $PA \cdot PB = b^2$. Konstruiere hieraus b, wenn die Asymptoten und ein Punkt P gegeben sind.

8. Nach § 54 bestimmt jede Hyperbeltangente mit den Asymptoten ein Dreieck von konstantem Inhalte. Konstruiere hiernach die Halbachse a, wenn die Asymptoten und ein Punkt der Hyperbel gegeben sind.

9. Ziehe durch den Punkt $A\,(-a;0)$ eine beliebige Gerade; sie schneidet die Y-Achse im Punkte D. Errichte im Punkte $C\,(a;0)$ ein Lot auf die Gerade DC. Dieses trifft AD in B. Welches ist der Ort des Punktes B?

10. Projiziert man irgendeinen Punkt einer gleichseitigen Hyperbel auf die Nebenachse (oder ihre Verlängerung), so ist die Projektion des Punktes vom Hyperbelpunkt und dem Scheitel gleich weit entfernt. Hieraus folgt eine sehr einfache Hyperbelkonstruktion.

11. Die Gerade von O nach $B\,(2\,r;0)$ ist der Durchmesser eines Kreises. Ziehe eine beliebige Gerade durch O, die den Kreis in A schneidet. Bringe die Tangente in A mit der X-Achse in C zum Schnitt. In C errichte ein Lot auf der X-Achse; dieses trifft die Gerade OA in P. Ort von P?

§ 57. Die Asymptoten oder Parallele dazu als Koordinatenachsen.

Die gleichseitige Hyperbel erhält eine ganz besonders einfache Gleichung, wenn man die Asymptoten als Koordinatenachsen wählt. Das zu einem Punkt gehörige Parallelogramm ist jetzt ein Rechteck, dessen Seiten die Koordinaten des Punktes P sind (Abb. 95).

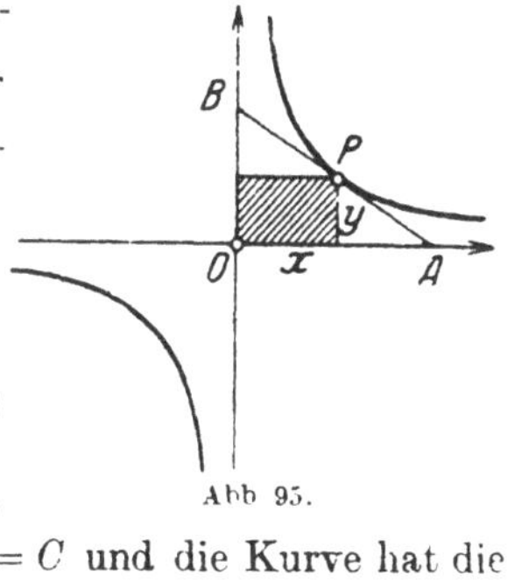

Die Gleichung der Kurve lautet somit

$$x\,y = \frac{a^2}{2} = \text{konstant} = C,$$

oder
$$y = \frac{C}{x}.\qquad(1)$$

Ist von der Hyperbel *ein* Punkt $(x_1 y_1)$ gegeben, so ist $x \cdot y = x_1 \cdot y_1 = C$ und die Kurve hat die Gleichung
$$y = \frac{x_1 y_1}{x}.\qquad(2)$$

Abb. 95.

Da $OA = 2\,x_1$ und $OB = 2\,y_1$, lautet die Gleichung der *Tangente* im Punkte $(x_1;\,y_1)$ nach Abschnitt 10

$$\frac{x}{2\,x_1} + \frac{y}{2\,y_1} = 1. \tag{3}$$

Je nachdem die Konstante C positiv oder negativ ist, liegen die Hyperbeläste im 1. und 3. oder im 2. und 4. Quadranten.

Verschiebt man das Koordinatensystem nach dem Punkte $(-h;\,-k)$ oder, was gleichbedeutend ist, den Hyperbelmittelpunkt nach dem Punkte $(h;\,k)$, so lautet die Gleichung

$$(x - h)\,(y - k) = C \tag{4}$$

oder
$$y = k + \frac{C}{x - h}. \tag{4'}$$

Bringt man in 4′ rechts alles auf den Nenner $x - h$, so ist

$$y = \frac{k\,x - h\,k + C}{x - h}.$$

Dies ist eine Gleichung von der Form

$$y = \frac{a\,x + b}{c\,x + d}, \tag{5}$$

worin a, b, c, d beliebige Konstante bedeuten.

Umgekehrt kann jede Gleichung von der Form (5) in die Form (4) übergeführt werden. Aus (5) folgt

$$c\,xy + d\,y = a\,x + b$$

oder
$$xy - \frac{a}{c}\,x + \frac{d}{c}\,y = \frac{b}{c}$$

oder
$$\left(x + \frac{d}{c}\right)\left(y - \frac{a}{c}\right) = \frac{b\,c - a\,d}{c^2} = C\,.$$

Demnach ist jede Gleichung, die auf die Form $y = \dfrac{a\,x + b}{c\,x + d}$ gebracht werden kann, die Gleichung einer gleichseitigen Hyperbel, sofern $b\,c - a\,d$ nicht Null ist. Die Asymptoten sind zu den Koordinatenachsen parallel und schneiden sich im Mittelpunkt

$$h = -\frac{d}{c};\quad k = \frac{a}{c}\,.\quad (c \neq 0.)$$

Je nachdem C positiv oder negativ ist, liegen die Hyperbeläste im 1. und 3. oder 2. und 4. Asymptotenquadranten.

Die Tangente im Punkte $(x_1;\,y_1)$ der Hyperbel $(x-h)\,(y-k) = C$ hat nach Gl. (3) offenbar die Gleichungsform

$$\frac{x - h}{2\,(x_1 - h)} + \frac{y - k}{2\,(y_1 - k)} = 1\,. \tag{6}$$

§ 58. Beispiele.

1. Beispiel. Eine Hyperbel hat die Asymptoten $x = -3\,(l)$ und $y = 8\,(g)$ und geht durch den Nullpunkt. Gleichung?

Die allgemeine Gleichung lautet $(x + 3)\,(y - 8) = C$; da der Nullpunkt auf der Kurve liegt, ist $(0 + 3)\,(0 - 8) = C$; somit $C = -24$. Die Hyperbel hat also die Gleichung $(x + 3)\,(y - 8) = -24$. Man zeichne den Hyperbelast von $x = 0$ bis $x = 12$ nach § 53. O ist der gegebene Punkt. Die Tangente durch den Nullpunkt hat die Gleichung $y = \dfrac{8}{3}\,x$ (§ 54).

Prüfe, ob die Konstruktion die nämlichen Werte y liefert, wie die folgenden berechneten Werte:

Für	$x =$	0	2	4	6	8	10	12
wird	$y =$	0	3,2	4,57	5,33	5,82	6,15	6,4 .

2. Beispiel. Jede Gleichung von der Form $Bxy + Dx + Ey + F = 0$ ist die Gleichung einer gleichseitigen Hyperbel; denn sie kann auf die Form (4) Abschnitt 57 gebracht werden. Es ist

$$xy + \frac{D}{B}\,x + \frac{E}{B}\,y = -\frac{F}{B} \ldots (B \neq 0)$$

oder

$$\left(x + \frac{E}{B}\right)\left(y + \frac{D}{B}\right) = \frac{ED - BF}{B^2}\,.$$

Ist $ED - BF = 0$, so „zerfällt" die Hyperbel in die Asymptoten

$$x = -\frac{E}{B} \quad \text{und} \quad y = -\frac{D}{B}\,.$$

3. Beispiel. Dividiert man jede Ordinate y einer Geraden von der Gleichung $y = mx + b$ durch die entsprechende Abszisse, so liegen die Punkte $\left(x;\dfrac{y}{x}\right)$ auf einer gleichseitigen Hyperbel; denn ihre Gleichung lautet

$$y' = \frac{mx + b}{x} = m + \frac{b}{x}\,.$$

Die Asymptoten haben die Gleichungen $x = 0$ (Y-Achse) und $y = m$ eine Parallle zur X-Achse).

Übungen.

1. Zeichne auf dem gleichen Blatte die Hyperbeläste

$$y = \frac{8}{x}; \ y = \frac{16}{x}; \ y = \frac{20}{x}$$

von $x = 0$ bis $x = 14$ (cm). Die Tangenten in den Punkten mit der Abszisse $x = 3$ treffen sich im Punkte $(6; 0)$.

2. Beweise: Ist die X-Achse die Affinitätsachse und die Y-Achse die Affinitätsrichtung, so ist die affine Figur einer Hyperbel

$$y = \frac{C}{x}\,, \quad \text{oder} \quad y = \frac{ax + b}{cx + d}$$

wieder eine Hyperbel (§ 38).

3. Beweise: Auch unter Anwendung verschiedener Maßstäbe auf den Koordinatenachsen entspricht der Gleichung

$$y = \frac{C}{x} \quad \text{oder} \quad (x - h)(y - k) = C$$

eine gleichseitige Hyperbel (§ 17).

4. Bestimme die Lage des Mittelpunktes und der Asymptoten in folgenden Beispielen:

a) $y = \dfrac{5\,x - 6}{x - 3}$,   b) $y = \dfrac{8\,x - 44}{x - 3}$,   c) $y = \dfrac{7\,x}{x + 4}$,   d) $y = \dfrac{25}{x - 2}$.

5. Zeichne $y = \dfrac{6\,x - 6}{x + 1}$ von $x = 1$ bis $x = 10$.

Der Mittelpunkt M ist in $(-1; 6)$. Die Koordinaten des Scheitels im 1. Quadranten sind $(2{,}46; 2{,}54)$ die Halbachse $a = \sqrt{24} = 4{,}9$. Die Schnittpunkte mit dem Kreise $(x + 1)^2 + (y - 6)^2 = 40$ sind $B(1; 0)$ $C(5; 4)$. Dort sind Tangenten mit den Steigungen 3 und 1 : 3. Der Winkel γ zwischen den Tangenten ist $53° \, 8'$.

6. Eine Hyperbel mit der Gleichungsform $(x - h)(y - k) = C$ geht durch die drei Punkte A; B; C. Bestimmte ihre Gleichung.

    a) $A(5; 7)$ $B(7; 5)$ $C(-1; -3)$,
    b) $A(0; 0)$ $B(3; 3)$ $C(6; 4)$,
    c) $A(-1; 2)$ $B(-2; 8)$ $C(1; -1)$.

7. Ist eine Größe y *umgekehrt proportional* zu einer andern Größe x, so heißt das: $y = C : x$ oder $x\,y = C$, worin C eine positive Konstante bedeutet. Der Zusammenhang solcher Größen wird also durch eine gleichseitige Hyperbel veranschaulicht. — So stehen bei unveränderlicher Temperatur Druck p und Volumen v eines Gases im reziproken Verhältnis. Es ist $p\,v = C$, und die Druckvolumenkurve ist eine gleichseitige Hyperbel.

8. Welche Kurven entsprechen den Gleichungen

    a) $x\,y + 2\,x - y - 22 = 0$ b) $2\,x\,y - 6\,x + y - 26 = 0$
    c) $x\,y - 3\,(x + y) = 0$?   d) $\dfrac{a}{x} + \dfrac{b}{y} = 1$

9. $\left.\begin{array}{l} x = h + a\,e^{ct} \\ y = k + b\,e^{-ct} \end{array}\right\}$ ist eine Parameterdarstellung einer gleichseitigen Hyperbel. $t = $ Parameter. Denn $(x - h)(y - k) = a\,b$.

10. Eine Gerade schneidet die X- und Y-Achse in den Punkten A und B und geht beständig durch den festen Punkt $P(4; 2)$. Der Mittelpunkt $M(x; y)$ der Strecken $A\,B$ beschreibt dabei eine Kurve. Gleichung dieser Kurve?

§ 59. Brennpunkte einer Hyperbel.

Auf der Hauptachse jeder Hyperbel gibt es zwei Punkte, die zu den Punkten der Kurve in ähnlicher Beziehung stehen, wie die

Brennpunkte bei der Ellipse (Abb. 96). Diese Punkte F_1 und F_2 heißen die „Brennpunkte"; sie liegen auf dem Kreise mit dem Radius

$$c = \sqrt{a^2 + b^2}\,. \qquad (1)$$

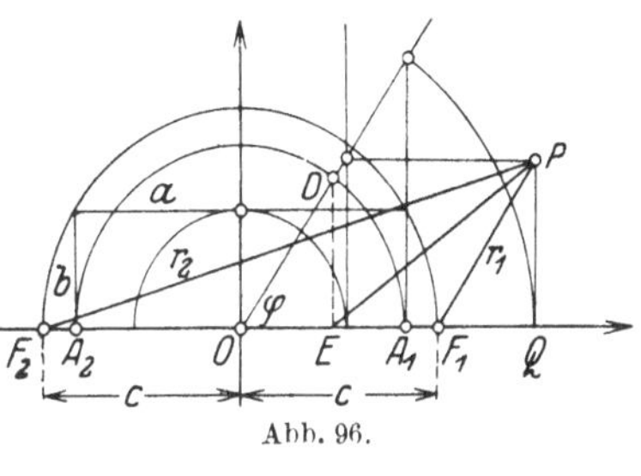

Abb. 96.

Konstruiert man nach §55 einen Punkt P der Hyperbel, nennt $PF_1 = r_1$ und $PF_2 = r_2$ die Brennstrahlen, so ist

$$r_1^2 = F_1Q^2 + PQ^2 = \left(\frac{a}{\cos\varphi} - c\right)^2 + (b\,\mathrm{tg}\,\varphi)^2\,,$$

was sich, wenn man $b^2 = c^2 - a^2$ setzt, schreiben läßt

$$r_1^2 = \left(\frac{c}{\cos\varphi} - a\right)^2,$$

woraus folgt:

$$r_1 = \frac{c}{\cos\varphi} - a\,. \quad \Big|$$

$$\qquad (2)$$

In ähnlicher Weise $\quad r_2 = \dfrac{c}{\cos\varphi} + a\,, \quad \Big|$

woraus folgt $\qquad \boldsymbol{r_2 - r_1 = 2\,a}\,. \qquad (3)$

Für jeden Punkt der Hyperbel ist somit die *Differenz* der Abstände von den Brennpunkten konstant, nämlich gleich der Länge der Hauptachse. — Sind die Achsen $2a$ und $2b$ einer Hyperbel gegeben, so kann man die Hyperbelpunkte mit Hilfe der Brennpunkte wie folgt konstruieren: Schlage um F_1 einen Kreis mit dem beliebigen Radius u; um den andern Brennpunkt einen Kreis mit dem Radius $2a + u$; für die Schnittpunkte dieser Kreise ist $r_2 - r_1 = 2a + u - u = 2a$; sie sind also Punkte der Hyperbel.

Nennen wir wie früher $c = OF_1 = OF_2$ die *lineare Exzentrizität* und das Verhältnis $c : a = e$ die *numerische Exzentrizität* der Hyperbel, und berücksichtigen wir ferner, daß $x = \dfrac{a}{\cos\varphi}$ oder $\dfrac{1}{\cos\varphi} = \dfrac{x}{a}$ ist, so kann man die Gl. (2) auch in der Form schreiben

$$r_1 = \frac{c}{a}\,x - a \quad \text{und} \quad r_2 = \frac{c}{a}\,x + a$$

oder $\qquad r_1 = e\,x - a \quad \text{und} \quad r_2 = e\,x + a\,. \qquad (4)$

Ist E (Abb. 96) der Schnittpunkt der Tangente in P mit der Achse $A_1 A_2$, dann findet man, wie bei der Ellipse

$$F_1 E : F_2 E = r_1 : r_2 ,$$

d. h. aber: die *Tangente* ist die Halbierungslinie des Winkels zwischen den beiden nach dem Berührungspunkte gehenden Brennstrahlen.

Es ist beachtenswert, daß für die Hyperbel die numerische Exzentrizität e eine Zahl größer als 1 ist.

§ 60. Beispiele.

1. Beispiel. Man verschiebe den Nullpunkt nach dem Scheitel A_1 der Hyperbel. Wie lautet dann die *Scheitelgleichung*?

Man ersetzt in der Gleichung $\dfrac{x^2}{a^2} - \dfrac{y^2}{b^2} = 1$ die Abszisse x durch $x' + a$. Nach Weglassung der Akzente erhält man

$$\frac{(x+a)^2}{a^2} - \frac{y^2}{b^2} = 1$$

oder nach Umformungen wie in § 44

$$y^2 = 2 \cdot \frac{b^2}{a} x + \frac{b^2}{a^2} x^2 . \tag{1}$$

2. Beispiel. Um den *Krümmungsradius* im Scheitel O zu finden, bringt man die Hyperbel $y^2 = 2 \cdot \dfrac{b^2}{a} x + \dfrac{b^2}{a^2} x^2$ zum Schnitt mit einem Kreise

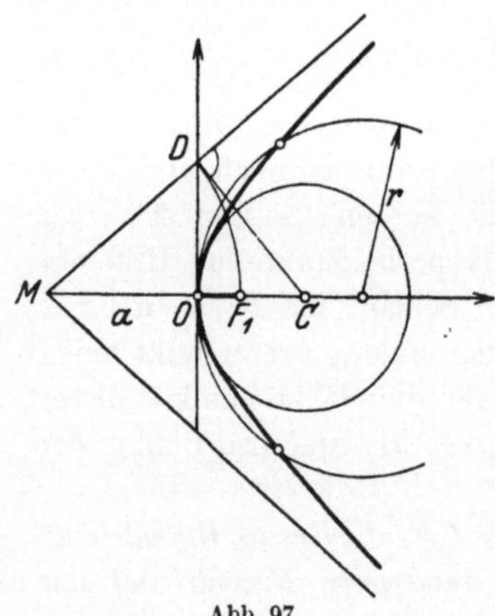

$y^2 = x\,(2\,r - x)$, der die Y-Achse im Nullpunkte berührt und verlangt, daß sämtliche Schnittpunkte nach O fallen. In ähnlicher Weise wie früher (§ 45) findet man, daß der Radius des Krümmungskreises im Scheitel gegeben ist durch

$$r = \frac{b^2}{a} .$$

Um den Mittelpunkt C dieses Kreises zu finden, errichtet man im Schnittpunkte D der Scheiteltangente mit einer Asymptote ein Lot auf diese Asymptote. Der Schnittpunkt C dieses Lotes mit der Achse MO ist der gesuchte Mittelpunkt; denn es ist (Abb. 97)

Abb. 97.

$$MO \cdot OC = OD^2, \quad \text{also} \quad a \cdot OC = b^2 \quad \text{oder} \quad OC = \frac{b^2}{a} = r .$$

Übungen.

1. Beweise: Die Ordinate im Brennpunkte der Hyperbel

$$\frac{x^2}{a^2} - \frac{y^2}{b^2} = 1$$

ist gleich dem Krümmungsradius im Scheitel.

2. Schlage um einen Brennpunkt F_2 einen Kreis mit dem Radius $2a$; verbinde einen beliebigen Punkt A dieses Kreises mit dem andern Brennpunkt F_1. Beweise: Die Mittelsenkrechte der Strecke AF_1 ist eine Tangente an die Hyperbel; der Berührungspunkt P liegt im Schnittpunkt mit der verlängerten Geraden F_2A.

3. Wo liegen nach Aufgabe 2 die symmetrischen Punkte eines Brennpunktes F_1 bezüglich beliebiger Tangenten an eine Hyperbel?

4. Wo liegen die Fußpunkte all der Lote, die man von den Brennpunkten auf die sämtlichen Tangenten einer Hyperbel fällen kann?

5. Beweise: Der Abstand eines Brennpunktes von einer Asymptote ist gleich b.

6. Beweise: Ist der Mittelpunkt der Pol, die X-Achse die Polarachse, so lautet die Polargleichung der Hyperbel

$$r^2 = \frac{b^2}{e^2 \cos^2 \varphi - 1} \cdot$$

Ist ein Brennpunkt der Pol und die Richtung vom Brennpunkt nach dem nähern Scheitelpunkt die Richtung der Polarachse, so ist

$$r = \frac{b^2 : a}{1 + e \cos \varphi} \quad \text{die Polargleichung.}$$

7. Aus irgend zwei Brennstrahlen r_1 und r_2 und dem Zwischenwinkel γ folgt

$$a = \frac{r_2 - r_1}{2}; \quad b = \sqrt{r_1 r_2} \cdot \sin \frac{\gamma}{2} \cdot$$

8. Für eine gleichseitige Hyperbel gilt $r_1 r_2 = O P^2$. P ist ein beliebiger Punkt auf der Kurve.

IX. Allgemeine Gleichungen der Kegelschnitte.

§ 61. Kegelschnitte.

Die Abb. 98 ist als Vertikalprojektion, als Aufriß eines geraden Kreiskegels aufzufassen. Um eine bestimmte Vorstellung damit zu erbinden, nehmen wir an, die Papierebene sei die Projektionsebene, die Spitze S und die beiden äußersten Mantellinien rechts und links liegen in der Projektionsebene, so daß eine Hälfte des Kegels vor, die andere hinter der Papierebene zu

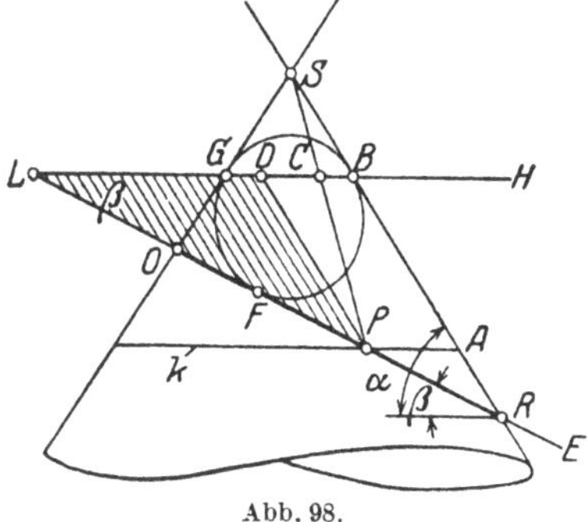
Abb. 98.

denken ist. Diesen Kegel schneiden wir mit einer Ebene E, die zur Papierebene senkrecht steht. Die Schnittkurve mit der Mantelfläche des Kegels, der Kegelschnitt, erscheint dann in der Abbildung als die Strecke OR. In den Raum zwischen der Schnittebene und dem oberen Teil der Mantelfläche zeichnen wir die größte Kugel. Sie berührt die Ebene in einem Punkte F und die Mantelfläche in einem horizontalen Parallelkreis BG; er liegt in einer Horizontalebene H, welche die Schnittebene E in einer Geraden l schneidet, die zur Papierebene ebenfalls senkrecht steht und ihre Projektion in dem Punkte L hat. α ist der Neigungswinkel aller Mantellinien, β der Neigungswinkel der Schnittebene E gegen eine Horizontalebene.

Durch einen beliebigen Punkt P der Schnittkurve ziehen wir einen Horizontalkreis k und eine Mantellinie PS; diese schneidet den Parallelkreis in der Ebene H in einem Punkte C. Nun ist $PF = PC$; denn beides sind Tangenten an die Kugel vom gleichen Punkte P ausgehend; ferner ist $PC = AB$, weil die Abschnitte der Mantellinien zwischen den Parallelkreisen BG und k alle gleich lang sind. Durch den Punkt P ziehen wir noch PD parallel zur Mantellinie AB und eine Parallele zur Spur OR der Ebene E. Diese trifft l in einem Punkte L. Das Dreieck PLD ist somit parallel zur Papierebene. Der Winkel bei L ist β und der Winkel bei D ist $180 - \alpha$; da ferner $\sin(180 - \alpha) = \sin \alpha$ ist, folgt aus dem Dreieck PLD

$$\frac{PD}{PL} = \frac{\sin \beta}{\sin \alpha},$$

weil aber $PD = AB = PC = PF$ ist, so gilt

$$\frac{PF}{PL} = \frac{\sin \beta}{\sin \alpha} = \text{konstant} = e; \tag{1}$$

denn β und α sind konstante Werte, nur abhängig von der Gestalt des Kegels und der Neigung der Schnittebene. Wir bezeichnen diesen konstanten Wert mit e. F ist ein Punkt der Schnittebene, der nicht auf der Kurve liegt; ebenso ist die Gerade l in der Schnittebene, sie schneidet die Kurve nicht. PL ist der Abstand des Punktes P von l. Demnach ist ein *Kegelschnitt der Ort aller Punkte in einer Ebene (E), deren Entfernung von einem festen Punkte F zu der Entfernung von einer festen Geraden l in einem konstanten Verhältnis steht.*

Wir werden nachher beweisen, daß die verschiedenen Kegelschnitte nichts anderes sind als Ellipsen, Parabeln oder Hyperbeln

Wir nennen jetzt schon F einen „Brennpunkt"; l bezeichnen wir als „Leitlinie".

Um die allgemeine Gleichung der Kegelschnitte in rechtwinkligen Koordinaten zu finden, wählen wir l als Ordinatenachse und das Lot von F auf sie als X-Achse (Abb. 99). Ist P $(x; y)$ ein Punkt der Kurve und $OF = u$, so ist

$$\frac{PF}{PL} = e \quad \text{oder} \quad PF = e \cdot PL;$$

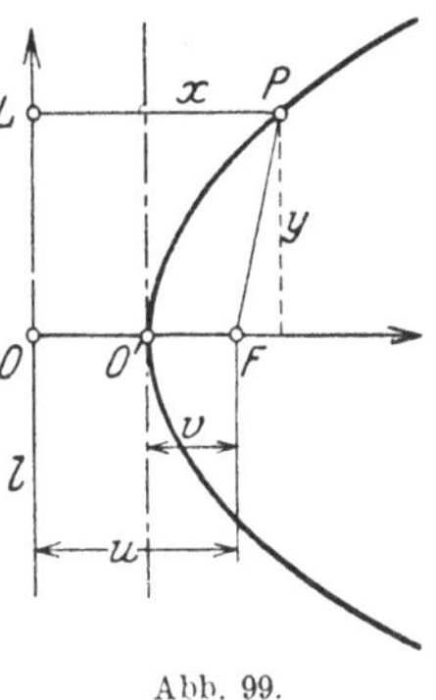

Abb. 99.

somit $\sqrt{(x - u)^2 + y^2} = e \cdot x$ oder
$$(x - u)^2 + y^2 = e^2 x^2 \quad \text{oder}$$
$$\mathbf{(1 - e^2)\, x^2 - 2\, u\, x + y^2 + u^2 = 0}\,. \quad (2)$$

Dies ist eine gemeinsame Gleichung für alle Kegelschnitte. Weil die Ordinate y nur im Quadrat vorkommt, ist jeder Kegelschnitt symmetrisch zur X-Achse, weshalb wir diese auch als „Achse" des Kegelschnittes bezeichnen. Für die Schnittpunkte mit der Achse ist $y = 0$, also
$$(1 - e^2)\, x^2 - 2\, u\, x + u^2 = 0;$$

hieraus folgt $\qquad \boldsymbol{x_1 = \dfrac{u}{1 + e}} \quad$ und $\quad \boldsymbol{x_2 = \dfrac{u}{1 - e}}\,.$ $\qquad$ (3)

Die diesen Abszissen entsprechenden Punkte nennen wir die „Scheitel". Im folgenden unterscheiden wir *drei Fälle.*

1. Ist $e = 1$, dann vereinfacht sich die Gl. (2) in
$$x = \frac{1}{2\,u}\, y^2 + \frac{u}{2}\,.$$

Dies ist die Gleichung einer Parabel mit horizontaler Achse.

2. Ist $e < 1$, dann verschieben wir das Koordinatensystem parallel nach dem Mittelpunkt M der durch x_1 und x_2 bestimmten Strecke.
$$\frac{x_1 + x_2}{2} = \frac{u}{1 - e^2} \qquad\qquad (4)$$

Wir ersetzen also in Gl. (2) jedes x durch $x + \dfrac{u}{1 - e^2}$, dann erhalten wir als neue Gleichung der Kurve, bezogen auf das nach M verschobene Koordinatensystem
$$\frac{x^2}{a^2} + \frac{y^2}{b^2} = 1\,, \quad \text{worin}$$

$$a = \frac{u\,e}{1 - e^2} \quad \text{und} \quad b = \frac{u\,e}{\sqrt{1 - e^2}}\,. \qquad (5)$$

Dies ist die Gleichung einer Ellipse. Aus Gl. (5) folgt

$$\sqrt{a^2 - b^2} = c = u\,e^2 : (1 - e^2) = ae \tag{6}$$

somit ist $c : a = e$. Hier erkennen wir, daß e wirklich mit der numerischen Exzentrizität der Ellipse identisch ist. — Ferner ist

$$u + c = \frac{a}{e} = \frac{a^2}{c} = \text{Abstand des Mittelpunktes von der Leitlinie.}$$

3. Ist $e > 1$, dann findet man, daß der Kegelschnitt eine Hyperbel ist mit den Halbachsen

$$a = \frac{ue}{e^2 - 1} \quad \text{und} \quad b = \frac{ue}{\sqrt{e^2 - 1}}.$$

Wiederum ist $\sqrt{a^2 + b^2} = ae = c$, also e die numerische Exzentrizität; $a : e = a^2 : c = $ Abstand des Mittelpunktes von der Leitlinie.

Aus diesen Entwicklungen folgt: *Der Ort aller Punkte, für welche das Verhältnis der Abstände von einem festen Punkte und einer festen Geraden konstant ist, ist ein Kegelschnitt, und zwar eine Ellipse, eine Parabel oder eine Hyperbel, je nachdem das konstante Verhältnis kleiner, gleich oder größer als Eins ist. Der feste Punkt ist ein Brennpunkt, das konstante Verhältnis die numerische Exzentrizität und die feste Gerade die Leitlinie.*

Verschieben wir dagegen das Koordinatensystem parallel nach dem Punkte O' (Abb. 99), dann ist x zu ersetzen durch $x + x_1$ $= x + \dfrac{u}{1 + e}$ und man findet in

$$y^2 = 2\,uex - (1 - e^2)\,x^2 \tag{7}$$

eine gemeinsame *Scheitelgleichung*. Ersetzt man schließlich $u\,e$

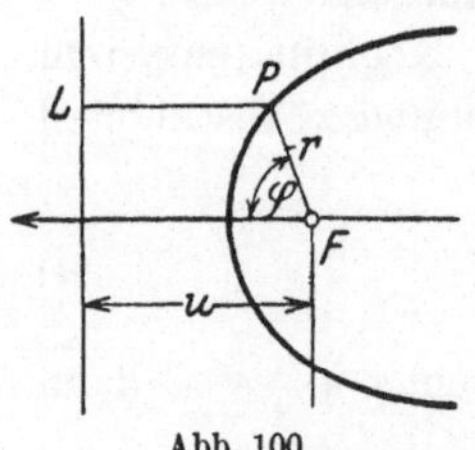

Abb. 100.

durch p, wo $2\,p$ den *Parameter des Kegelschnittes*, d. h. Länge der Sehne des Kegelschnittes durch den Brennpunkt F normal zur Achse bedeutet, dann geht Gl. (7) über in

$$y^2 = 2\,px - (1 - e^2)\,x^2. \tag{8}$$

Aus der (Abb. 100) folgt eine gemeinsame *Polargleichung*.

Wir wählen F als Nullpunkt und das von F ausgehende Lot auf l als Polarachse. Ist $PF = r$, dann ist $PL = u - r\cos\varphi$, und da $PF = e\,PL$ ist, ist

$$r = e\,(u - r\cos\varphi)$$

oder

$$r = \frac{eu}{1 + e\cos\varphi} = \frac{p}{1 + e\cos\varphi}. \tag{9}$$

Geht die Polarachse nach rechts, statt nach links, dann heißt die Gleichung

$$r = \frac{eu}{1 - e\cos\varphi} = \frac{p}{1 - e\cos\varphi} \qquad (10)$$

Übungen.

1. Sind der Brennpunkt F und die zugehörige Leitlinie l, sowie e gegeben, so kann man den Kegelschnitt leicht konstruieren. Man zieht in den Abständen $x_1; x_2 \ldots$ Parallele zu l und schlägt um F Kreise mit den Radien $ex_1; ex_2, \ldots$ die Schnittpunkte mit den entsprechenden Parallelen sind Punkte des Kegelschnittes. Wähle z. B. F im Abstande 5 cm von l (Millimeterpapier) und zeichne auf dem gleichen Blatte die Kurven für $e = 0,3$; 0,5; 0,8; 1; 1,2; 1,5; 2. Aus den $x_1; x_2; \ldots$ lassen sich die $ex_1; ex; \ldots$ übrigens auch leicht konstruieren.

2. Die Gleichung der *Tangente* in einem Punkte $(x_1; y_1)$ des Kegelschnitts mit der Gl. (2) lautet

$$(1 - e^2)\, x x_1 + y y_1 - u\,(x + x_1) + u^2 = 0\,.$$

$y = mx + b$ ist eine Tangente, wenn

$$(b + um)^2 - e^2\,(u^2 + b^2) = 0\,.$$

Das Lot zu $PF = r$ (Abb. 100) in F trifft die Leitlinie in einem Punkte Q. Beweise: PQ ist die Tangente in P an den Kegelschnitt.

3. Vergleiche die folgenden Beispiele mit (10) und konstruiere die entsprechenden Kegelschnitte.

$$1.\ r = \frac{2}{1 - \cos\varphi} \qquad 2.\ r = \frac{3}{3 - \cos\varphi} \qquad 3.\ r = \frac{12}{3 - 4\cos\varphi}\,.$$

§ 62. Die allgemeine Gleichung 2. Grades mit zwei Variablen.

In den bisherigen Entwicklungen hatte der Kegelschnitt immer eine besondere Lage gegenüber dem Koordinatensystem. Würden wir mit irgendeiner der besprochenen Gleichungen eine Transformation ausführen, indem wir das Koordinatensystem parallel verschieben *und* drehen, so würde der Grad der Gleichung nicht verändert; denn durch den Ersatz von x und y durch die in § 19 abgeleiteten Ausdrücke entstehen aus Gliedern, die mit x^2, xy oder y^2 behaftet sind, wieder nur Ausdrücke vom 2. Grade in den neuen Variablen. Wenn man in einer transformierten Gleichung alle Glieder mit den gleichen Potenzen zusammenfaßt, so erhält man eine Gleichung von der Form

$$\boldsymbol{f\,(x;y) \equiv A x^2 + B x y + C y^2 + D x + E y + F = 0\,.} \qquad (1)$$

Dies nennen wir die allgemeine Gleichung 2. Grades. $A, B \ldots F$ nennen wir die Koeffizienten; $A x^2$; $B x y$, $C y^2$ sind die „quadratischen Glieder", Dx und Ey die „linearen" Glieder und F ist das konstante Glied der Gleichung.

Aus dieser allgemeinen Gl. (1) sollen nun die behandelten besonderen Formen wieder abgeleitet werden. Fehlen in Gl. (1) die linearen Glieder Dx und Ey, hat also die Gleichung die Form

$$A x^2 + B xy + C y^2 + F' = 0, \qquad (2)$$

dann ist der Nullpunkt des Koordinatensystems der *Mittelpunkt* der Kurve; denn ist Gl. (2) erfüllt für ein Wertepaar $(x_1; y_1)$, dann ist Gl. (2) auch erfüllt für $(-x_1; -y_1)$. Wir nennen daher Gl. (2) die *Mittelpunktsgleichung*. Es wird dann gezeigt werden, wie man durch Parallelverschiebung des Koordinatensystems nach dem Mittelpunkt, aus der Gl. (1) die Form (2) finden kann.

Aus Gl. (2) wird dann weiterhin durch eine geeignete Drehung des Koordinatensystems eine dritte Form hergestellt

$$A' x^2 + C' y^2 + F' = 0. \qquad (3)$$

in der also das Glied $x \cdot y$ fehlt. Da Gl. (3) nur quadratische Glieder in x und y enthält, so ist die ihr entsprechende Kurve symmetrisch zu beiden Koordinatenachsen. Wir nennen daher Gl. (3) die „*Achsengleichung*" der Kurve.

1. *Bestimmung des Mittelpunktes.* Wir verschieben das Koordinatensystem parallel nach einem noch näher zu bestimmenden Punkt $M(x_0; y_0)$, ersetzen also in der allgemeinen Gl. (1) x durch $x' + x_0'$ und y durch $y' + y_0$, lassen aber die Akzente sofort wieder weg, dann erhalten wir

$$A(x + x_0)^2 + B(x + x_0)(y + y_0) + C(y + y_0)^2 + D(x + x_0)$$
$$+ E(y + y_0) + F = 0$$

oder
$$\begin{aligned} A x^2 + B xy + C y^2 + (2 A x_0 + B y_0 + D)x \\ + (B x_0 + 2 C y_0 + E) y + f(x_0; y_0) = 0 . \end{aligned} \qquad (4)$$

Nennen wir die linke Seite der Gl. (1) $f(x; y)$, so ist $f(x_0; y_0)$ der Wert, den $f(x; y)$ annimmt, wenn man x und y durch die bestimmten Werte $x_0; y_0$ ersetzt. Wir verfügen nun über die bis jetzt noch unbestimmt gelassenen Werte $x_0; y_0$ in der Weise, daß die linearen Glieder in Gl. (4) verschwinden, d. h. wir setzen

$$\begin{aligned} 2 A x_0 + B y_0 + D = 0 \\ \text{und} \quad B x_0 + 2 C y_0 + E = 0 . \end{aligned} \qquad (5)$$

Das sind zwei Gleichungen, aus denen x_0 und y_0 berechnet werden können. Man findet

$$h = x_0 = \frac{2 CD - BE}{B^2 - 4 AC}, \qquad k = y_0 = \frac{2 AE - BD}{B^2 - 4 AC} . \qquad (6)$$

Dies sind die *Koordinaten des Mittelpunktes.* Wäre $B^2 - 4\,AC = 0$, dann wäre der Mittelpunkt im Unendlichen, das ist bei der Parabel der Fall. Wir behandeln nun zuerst nur jene Fälle, in denen der Mittelpunkt im Endlichen liegt, setzen also vorläufig ausdrücklich voraus

$$B^2 - 4\,AC \neq 0\,, \tag{7}$$

was im Falle der Ellipse und Hyperbel zutrifft.

Werden x_0; y_0 entsprechend den Gl. (6) gewählt, so geht die Gl. (4) über in

$$A\,x^2 + B\,xy + C\,y^2 + f(x_0; y_0) = 0\,. \tag{8}$$

Die linearen Glieder sind verschwunden; die Form (2) ist da; mit $F' = f(x_0; y_0)$. *Man merke sich*: Bei einer Parallelverschiebung des Koordinatensystems bleiben die Koeffizienten (A, B, C) der quadratischen Glieder unverändert und das neue konstante Glied ist das Resultat der Substitution der Koordinaten des neuen Nullpunktes.

Für solche, die Kenntnisse in der Differentialrechnung haben, sei noch bemerkt: Ist $f(x; y) = 0$ die allgemeine Gl. (1), so erhält man die Gl. (5) einfach durch Nullsetzen der partiellen Differentialquotienten. Es ist

$$\left.\begin{aligned}\frac{\partial f}{\partial x} &= 2\,A\,x + B\,y + D = 0 \\[2mm] \frac{\partial f}{\partial y} &= B\,x + 2\,C\,y + E = 0\,.\end{aligned}\right\} \tag{9}$$

1. Beispiel. Die Gleichung $2\,x^2 + 3\,xy - 2\,y^2 - 5\,x + 15\,y = 0$, soll durch eine Parallelverschiebung des Koordinatensystems nach dem Mittelpunkt $(h; k)$ der Kurve so transformiert werden, daß die Glieder mit x und y verschwinden.

Die Mittelpunktskoordinaten findet man aus den Gleichungen

$$\begin{aligned}4\,x + 3\,y - 5 &= 0 \\ 3\,x - 4\,y + 15 &= 0\,.\end{aligned}$$

Man findet
$$\begin{aligned}x_0 &= -1 = h \\ y_0 &= 3 = k\,.\end{aligned}$$

Setzt man an die Stelle von x und y diese Werte $h = -1$; $k = 3$ in der Kurvengleichung ein, so erhält man $f(-1; 3) = 25$. Die Gleichung der Kurve bezogen auf das neue, nach $(-1; 3)$ verschobene Koordinatensystem lautet somit

$$2\,x^2 + 3\,xy - 2\,y^2 + 25 = 0\,.$$

2. Beispiel. Die Mittelpunktskoordinaten $(h; k)$ der Kurve

$$x^2 + xy + y^2 + 4\,x - y - 11 = 0$$

ergeben sich aus den Gleichungen

$$2\,x + y + 4 = 0$$
$$x + 2\,y - 1 = 0\,.$$

Man findet

$$x_0 = -3 = h$$
$$y_0 = 2 = k\,,$$

die transformierte Gleichung lautet

$$x^2 + xy + y^2 + f\,(-3;2) = 0$$

oder

$$x^2 + xy + y^2 - 18 = 0\,.$$

2. *Drehung des Koordinatensystems.* Wir gehen nun von der Form (2) über in die Form (3).

Bei der Drehung des Koordinatensystems um den Winkel α hat man x und y zu ersetzen durch

$$x'\cos\alpha - y'\sin\alpha \quad \text{bzw.} \quad x'\sin\alpha + y'\cos\alpha\,.$$

Setzt man diese Werte in der Gleichung

$$A\,x^2 + B\,xy + C\,y^2 + F' = 0 \tag{2}$$

ein, so erhält man, unter Weglassung der Akzente,

$$A\,(x^2\cos^2\alpha - 2\,xy\sin\alpha\cdot\cos\alpha + y^2\sin^2\alpha)$$
$$+\; B\,[x^2\sin\alpha\cdot\cos\alpha + xy\,(\cos^2\alpha - \sin^2 a) - y^2\sin\alpha\cdot\cos\alpha]$$
$$+\; C\,(x^2\sin^2\alpha + 2\,xy\sin\alpha\cdot\cos\alpha + y^2\cos^2\alpha) + F' = 0$$

oder geordnet:

$$\left.\begin{aligned}
&x^2\,(A\cos^2\alpha + B\sin\alpha\cdot\cos\alpha + C\sin^2\alpha)\\
&+\; xy\,(-2A\sin\alpha\cdot\cos\alpha + B\cos 2\,\alpha + 2C\sin\alpha\cos\alpha)\\
&+\; y^2\,(A\sin^2\alpha - B\sin\alpha\cos\alpha + C\cos^2\alpha) + F' = 0\,.
\end{aligned}\right\} \tag{10}$$

Damit das Glied mit $x\cdot y$ verschwindet, muß

$$-2\,A\sin\alpha\cdot\cos\alpha + B\cos 2\,\alpha + 2\,C\sin\alpha\cdot\cos\alpha = 0 \text{ sein}$$

oder $\quad -A\sin(2\,\alpha) + B\cos(2\,\alpha) + C\sin(2\,\alpha) = 0\,,$

oder

$$\mathrm{tg}\,(2\alpha) = \frac{B}{A - C}\cdot \tag{11}$$

Hieraus findet man jenen Winkel α, um den man die X'-Achse drehen muß, bis sie mit einer Achse des Kegelschnittes zusammenfällt. Das ist offenbar auf zwei Arten möglich; denn der Gl. (11) entsprechen zwei Winkel, die sich um $180°$ unterscheiden. Die Winkel α unterscheiden sich also um $90°$.

Um aber im folgenden *eindeutige* Ergebnisse zu erhalten, setzen wir fest, daß wir unter $2\,\alpha$ stets jenen Winkel verstehen wollen, der zwischen $0°$ und $180°$ liegt; es ist dann

α stets ein positiver, spitzer Winkel.

Nach Abb. 101 lassen sich übrigens die neuen Achsen X'', Y'' aus dem Tangenswert für $(2\,\alpha)$ Gl. (11) leicht konstruieren. Die Figur entspricht dem Beispiel tg $(2\,\alpha)$ $= 4 : 3$. X'' ist parallel $A\,B$; Y'' parallel $A\,C$.

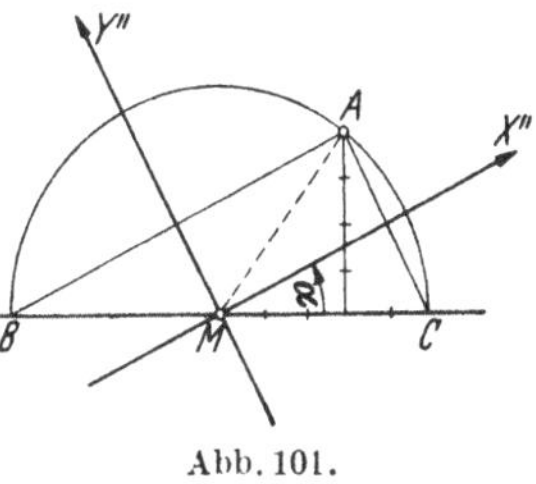

Abb. 101.

Man merke sich noch: durch die Drehung des Koordinatensystems verändert sich das konstante Glied F' in der Gl. (2) nicht. F' in Gl. (3) ist der gleiche Wert wie F' in Gl. (2).

Nennt man die Koeffizienten von x^2, $x\,y$, y^2 nach der Drehung des Koordinatensystems um α A', B', C', so ist nach Gl. (10)

$$
\begin{aligned}
A' &= A \cos^2\alpha + B \sin\alpha \cdot \cos\alpha + C \sin^2\alpha \\
B' &= -A \sin(2\,\alpha) + B \cos(2\,\alpha) + C \sin(2\,\alpha) \\
C' &= A \sin^2\alpha - B \sin\alpha \cos\alpha + C \cos^2\alpha\,.
\end{aligned}
\tag{12}
$$

3. *Bestimmung der Achsengleichung.* Die Überführung der Gl. (2) in die Form (3) gestaltet sich nun sehr einfach, wenn man beachtet, daß beim Übergang vom einen zum andern Koordinatensystem gewisse Koeffizientenverbindungen unveränderlich (*invariant*) bleiben. So folgt aus den Gl. (12)

$$
A' + C' = A + C
\tag{13}
$$

Ferner ist

$$
A' - C' = (A - C) \cos(2\,\alpha) + B \sin(2\,\alpha)
\tag{14}
$$

$$
B' = -(A - C) \sin(2\,\alpha) + B \cos(2\,\alpha)\,.
\tag{15}
$$

Durch Quadrieren und Addieren dieser beiden Gleichungen folgt

$$
(A' - C')^2 + B'^2 = (A - C)^2 + B^2
\tag{16}
$$

Da aber B', infolge der besonderen Wahl von α nach Gl. (11) gleich Null ist, folgt

$$
A' - C' = \sqrt{(A - C)^2 + B^2}\,.
\tag{17}
$$

Welches Vorzeichen ist dieser Wurzel zu geben? Berechnet man $A - C$ aus der Formel (15) für $B' = 0 = -(A - C) \sin(2\,\alpha)$ $+ B \cos(2\,\alpha)$ und setzt den Wert in (Gl. 14) ein so folgt

$$
A' - C' = \frac{B \cdot \cos^2(2\alpha)}{\sin(2\alpha)} + B \cdot \sin(2\,\alpha) = \frac{B}{\sin(2\alpha)}\,.
$$

Nun ist $2\,\alpha$ zwischen $0°$ und $180°$, also sin $(2\,\alpha)$ positiv; somit hat $A' - C'$ *immer das Vorzeichen von B.*

Die Größen A' und C' der Gl. (3) erhalten wir demnach aus Gl. (13 und (17), also aus

$$\boxed{\begin{aligned} A' + C' &= A + C \\ A' - C' &= \sqrt{(A - C)^2 + B^2} \end{aligned}}$$

Die Quadratwurzel hat das Vorzeichen von B. Gl. (11) gibt die Richtung der neuen X''-Achse. α liegt zwischen $0°$ und $90°$.

4. *Die Art des Kegelschnittes.* Subtrahiert man $(A' + C')^2 = (A + C)^2$ von Gl. (16), so erhält man

$$B'^2 - 4\,A'C' = B^2 - 4\,AC\,. \tag{18}$$

Da aber B' verschwindet, so ist

$$B^2 - 4\,AC = -4\,A'C'\,.$$

Handelt es sich in Gl. (3) um eine Ellipse, dann haben A' und C' gleiche, bei einer Hyperbel verschiedene Vorzeichen. Daher ist für eine Ellipse $B^2 - 4\,AC$ negativ, für eine Hyperbel positiv. Wir erkennen also: *Wenn die Gl. (1) einen wirklichen Kegelschnitt darstellt, so ist sie die Gleichung einer*

$$\left.\begin{matrix} Hyperbel \\ Parabel \\ Ellipse \end{matrix}\right\} ,\ je\ nachdem\ B^2 - 4\,AC \left.\begin{matrix} > \\ = \\ < \end{matrix}\right\} 0\ ist.$$

5. *Bestimmung der Asymptoten einer Hyperbel.* Führen wir in Gl. (2) Polarkoordinaten ein, $x = r \cdot \cos\alpha$; $y = r \cdot \sin\alpha$, dann gibt

$$\text{Gl. (2)} \qquad r^2 = -\frac{F'}{A\cos^2\alpha + B\sin\alpha\cos\alpha + C\sin^2\alpha}\,.$$

Wenn der Nenner $\to 0$, dann $r^2 \to \infty$, d. h. wir erhalten aus

$$A\cos^2\alpha + B\sin\alpha\cos\alpha + C\sin^2\alpha = 0$$

die Richtungswinkel für die Geraden nach den unendlich fernen Punkten der Hyperbel. Die Gleichung

$$A\,x^2 + B\,xy + C\,y^2 = 0 \tag{19}$$

liefert dieses Geradenpaar, also die Asymptoten, sofern der Mittelpunkt mit dem Nullpunkt zusammenfällt, sonst liefert Gl. (19) die Richtungen der Asymptoten.

Nach dem 4. Beispiel (§ 12) ist die *Hyperbel gleichseitig, wenn* $A + C = 0$ *ist.*

§ 63. Beispiele.

1. *Beispiel.* Gegeben: $8 x^2 + 12 x y + 17 y^2 - 44 x - 58 y - 7 = 0$.
Art des Kegelschnittes: $B^2 - 4 A C = 144 - 32 \cdot 17 = - 400$; also Ellipse.

Mittelpunkt aus:
$$16 x + 12 y - 44 = 0$$
$$12 x + 34 y - 58 = 0$$
$$x_0 = 2;\ y_0 = 1 .$$

Mittelpunktsgleichung: $8 x^2 + 12 x y + 17 y^2 = 80$ (bezogen auf $x' y'$)
Drehwinkel aus

$$\mathrm{tg}\,(2\,\alpha) = - \frac{4}{3} .$$

Achsengleichung:
$$A' + C' = 25$$
$$A' - C' = + \sqrt{144 + 81} = 15$$
somit $A' = 20;\ C' = 5$
$$20 x^2 + 5 y^2 = 80 .$$
$$\frac{x^2}{4} + \frac{y^2}{16} = 1 \ (\text{bezogen auf}\, x'';\, y'').$$

Die Halbachsen sind 2 und 4
(Abb. 102).

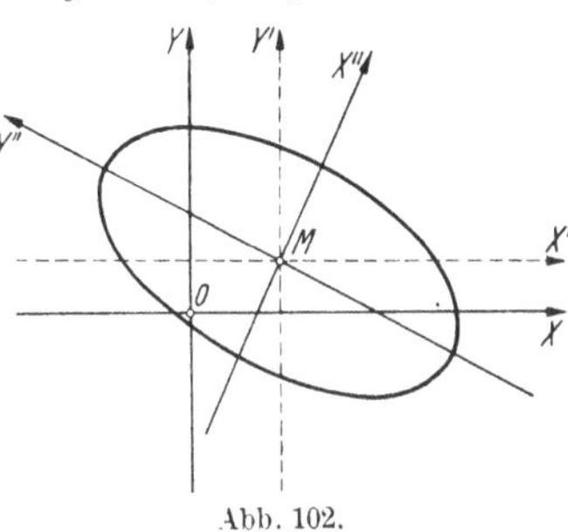

Abb. 102.

2. *Beispiel.* $3 x^2 + 8 x y - 3 y^2 - 20 x - 10 y + 5 = 0$.
Art des Kegelschnittes: $B^2 - 4 A C = 64 + 4 \cdot 3 \cdot 3 = 100$ (Hyperbel).
Mittelpunkt aus:
$$6 x + 8 y - 20 = 0 .$$
$$8 x - 6 y - 10 = 0 .$$
$$M\,(x_0 = 2;\ y_0 = 1) .$$
Mittelpunktsgleichung: $3\ x^2 + 8\ x y - 3 y^2 = 20$ (bezogen auf $x'\, y'$).
Drehwinkel aus

$$\mathrm{tg}\,(2\,\alpha) = \frac{4}{3} .$$

Achsengleichung:
$$A' + C' = 0$$
$$A' - C' = + \sqrt{36 + 64} = 10$$
$$A' = 5;\ C' = - 5$$
$$5 x^2 - 5 y^2 = 20 \ \text{oder}$$
$$x^2 - y^2 = 4 \ (\text{gleichseitige Hyper-}$$
bel) bezogen auf $x''\, y''$

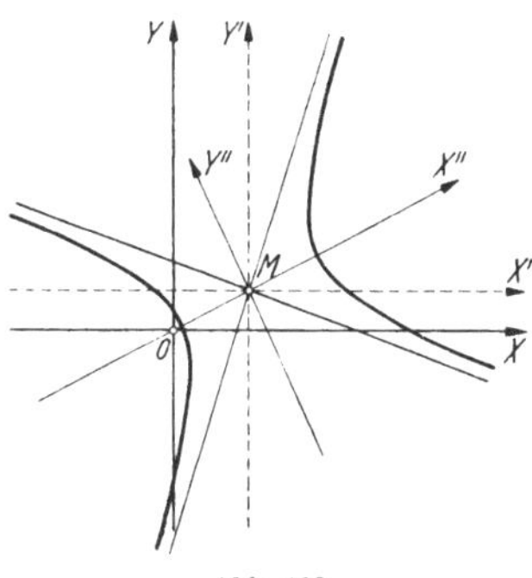

Abb. 103.

Asymptoten aus: $3 x^2 + 8 x y - 3 y^2 = 0$ zu $y = 3 x;\ y = - \frac{1}{3} x$

bezogen auf $x'\, y'$ (Abb. 103).

Übungen.

1. $5 x^2 - 6 x y + 5 y^2 + 16 \sqrt{2}\,(x - y) = 0$.
2. $5 x^2 - 4 x y + 8 y^2 - 26 x - 4 y + 5 = 0$.
3. $5 x^2 + 6 x y + 5 y^2 - 22 x - 26 y + 5 = 0$.

4. $17\,x^2 - 12\,xy + 8\,y^2 - 10\,x - 20\,y - 55 = 0$.

5. $104\,x^2 - 84\,xy + 41\,y^2 = 500$.

6. $x^2 + xy + y^2 = 6$.

7. $73\,x^2 + 72\,xy + 52\,y^2 - 72\,x - 104\,y - 848 = 0$.

8. $8\,x^2 + 4\,xy + 5\,y^2 - 64\,x - 16\,y + 92 = 0$.

9. $2\,x^2 + 3\,xy - 2\,y^2 + 14\,x - 2\,y = 0$.

10. $3\,x^2 + 8\,xy - 3\,y^2 - 16\,x + 12\,y + 15 = 0$.

11. $4\,y^2 - 3\,xy = 9$.

12. $2\,x^2 - xy + 7\,x - 2\,y = 0$.

13. $x^2 - 6\,xy + y^2 + 8\,x + 8\,y - 32 = 0$.

14. $3\,x^2 + 10\,xy + 3\,y^2 = 8$.

15. Eliminiere φ aus

$$x = a \sin \varphi; \quad y = a \sin (\varphi + \alpha)$$

und untersuche die Kurve.

16. Beweise: Jede Gleichung von der Form

$$y = mx + b + \frac{C}{x - a}$$

ist die Gleichung einer Hyperbel mit den Asymptoten $y = mx + b$ und $x = a$.

17. Bestimme die Gleichung einer Ellipse mit den Halbachsen $a = 6$; $b = 2\sqrt{2}$ und dem Mittelpunkt $(-2; -2)$; die große Achse liegt in $y = x$, die kleine in $x + y + 4 = 0$.

18. Ebenso für $a = 5$; $b = 3$; Mittelpunkt in $(1; 2)$. a liegt in der Geraden $y = x + 1$ und b in der Geraden $y = 3 - x$.

19. Die Achsen einer Hyperbel haben die Gleichungen $(g)\ x - 2\,y + 3 = 0$ und $(l)\ 2\,x + y - 4 = 0$. Die Halbachsen sind $a = b = 2$. Die Hauptachse liegt in l. Gleichung der Hyperbel?

20. Ebenso: $g : y = \dfrac{3}{4}\,x + 1; \quad l : y = -\dfrac{4}{3}\,x + 1; \quad a = 6; \quad b = 3;$

a liegt in l.

21. Eine Hyperbel hat die Asymptoten $y = 2\,x + 3$ und $x = -2$, der Nullpunkt liegt auf der Kurve. Gleichung?

22. Gegeben: Die Gerade $y_1 = x$ und der Kreis $y_2 = \pm\,\sqrt{9 - x^2}$. Konstruiere die Summenkurve $y = y_1 + y_2 = x \pm \sqrt{9 - x^2}$. Zeige, die Achsen der entstehenden Ellipse sind $a = 4{,}85$; $b = 1{,}85$; $\alpha = 58° \, 17'$. Fläche der Ellipse $= 9\,\pi$.

§ 64. Umformung der Parabelgleichung.

Wenn die allgemeine Gl. (1) in § 62 eine Parabel darstellt, dann ist $B^2 - 4\,AC = 0$, dann ist nach den Gl. (6) jenes Paragraphen eine Verschiebung des Koordinatensystems nach dem Mittelpunkte ausgeschlossen. Wir haben in § 35 die besondere Gleichungsform $y = a\,x^2 + b\,x + c$ der Parabel ausführlich besprochen. Durch

eine passende Drehung des Koordinatensystems muß diese Form
gefunden werden können.

Wir verlangen, daß durch die Drehung das Glied mit y^2 ver-
schwinde, daß also $C' = A \sin^2 \alpha - B \sin \alpha \cos \alpha + C \cos^2 \alpha = 0$
werde [Gl. (12), § 62]. Da es sich um eine Parabel handelt, ist
$B^2 - 4\,AC = 0$; aber $B^2 - 4\,AC = B'^2 - 4\,A'C' = 0$ [Gl. (18)];
wenn daher $C' = 0$, dann ist notwendig auch $B' = 0$, somit verschwindet zugleich mit dem Glied mit y^2 auch jenes mit $x \cdot y$.
Die transformierte Gleichung hat dann die Form

$$A'x^2 + D'x + E'y + F = 0 \,, \tag{1}$$

die mit der verlangten Form $y = a\,x^2 + b\,x + c$ übereinstimmt.
Soll nun $C' = 0$ sein, dann muß

$$A \sin^2 \alpha - B \sin \alpha \cdot \cos \alpha + C \cos^2 \alpha = 0 \text{ sein, oder}$$
$$A \operatorname{tg}^2 \alpha - B \operatorname{tg} \alpha + C = 0$$
$$\operatorname{tg} \alpha = \frac{B \pm \sqrt{B^2 - 4\,AC}}{2\,A}$$

Der Radikand ist Null. Der Winkel, um den man das Koordinatensystem drehen muß, um die allgemeine Form in die Form (1)
überzuführen, ergibt sich somit aus

$$\boldsymbol{\operatorname{tg} \alpha = \frac{B}{2\,A}} \cdot \tag{2}$$

Wir wählen, um eindeutige Ergebnisse zu erhalten, α *zwischen*
—90° und +90°. Zudem denken wir uns die allgemeine Gleichung
so umgeformt, daß A *eine positive Zahl* ist. $\operatorname{tg} \alpha$ hat dann das
Vorzeichen von B. Da

$$\sin \alpha = \frac{\operatorname{tg} \alpha}{\sqrt{1 + \operatorname{tg}^2 \alpha}} \text{ und } \cos \alpha = \frac{1}{\sqrt{1 + \operatorname{tg}^2 \alpha}} \text{ , so ist nach Gl. (2)}$$
$$\sin \alpha = \frac{B}{\sqrt{4\,A^2 + B^2}} \text{ und } \cos \alpha = \frac{2\,A}{\sqrt{4\,A^2 + B^2}} \tag{3}$$

Das Vorzeichen der Wurzel ist positiv zu wählen.

Bei der Drehung um den durch Gl. (2) bestimmten Winkel α
lautet die Parabelgleichung in bezug auf das gedrehte System

$$(A \cos^2 \alpha + B \sin \alpha \, \cos \alpha + C \sin^2 \alpha)\, x^2 + D\,(x \cos \alpha - y \sin \alpha)$$
$$+ E\,(x \sin \alpha + y \cos \alpha) + F = 0$$

oder

$$y\,(D \sin \alpha - E \cos \alpha) = (A \cos^2 \alpha + B \sin \alpha \cos \alpha + C \sin^2 \alpha)\, x^2$$
$$+ (D \cos \alpha + E \sin \alpha)\, x + F \,.$$

Setzt man im Koeffizienten von x^2 für $\sin\alpha$ und $\cos\alpha$ die Werte aus Gl. (3) ein und berücksichtigt, daß $B^2 = 4\,AC$ ist, dann erhält man die gewünschte Gleichung in der Form:

$$y\,(D\sin\alpha - E\cos\alpha) = (A+C)\,x^2 + (D\cos\alpha + E\sin\alpha)\,x + F, \quad (4)$$

die nach § 35 weiter behandelt werden kann. Die Ordinatenachse hat die Richtung der Parabelachse.

§ 65. Beispiele.

1. Beispiel. $16\,x^2 + 24\,xy + 9\,y^2 + \underset{D}{120\,x} - \underset{E}{160\,y} = 0$

$$\operatorname{tg}\alpha = \frac{24}{32} = \frac{3}{4}\;;\text{ somit } \sin\alpha = \frac{3}{5}\text{ und }\cos\alpha = \frac{4}{5}$$

$$D = 120 \qquad\qquad E = -160$$

$$D\cos\alpha + E\sin\alpha = 96 - 96 = 0$$
$$D\sin\alpha - E\cos\alpha = 72 + 128 = 200$$
$$A + C = 25,\text{ somit}$$
$$200\,y = 25\,x^2\text{ oder}$$
$$y = \frac{1}{8}\,x^2\,.$$

2. Beispiel. $x^2 - 2\,xy + y^2 - 10\,\sqrt{2}\,(x+y) + 50 = 0\,.$

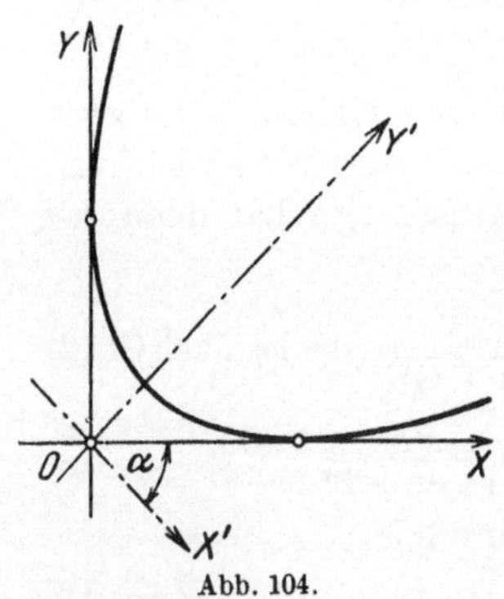

Abb. 104.

$$\operatorname{tg}\alpha = -\frac{2}{2} = -1;\text{ somit}$$

$$\sin\alpha = -\frac{1}{\sqrt{2}};\;\cos\alpha = \frac{1}{\sqrt{2}}\,.$$

$$D = -10\,\sqrt{2}\quad E = -10\,\sqrt{2}\,.$$

$$D\cos\alpha + E\sin\alpha = -10 + 10 = 0;$$
$$D\sin\alpha - E\cos\alpha = 10 + 10 = 20.$$
$$A + C = 2,\text{ somit}$$
$$20\,y = 2\,x^2 + 50\text{ oder}$$
$$y = 0{,}1\,x^2 + 2{,}5\;(\text{Abb.}\,104).$$

3. Beispiel. Stellt die allgemeine Gl. (1) § 62 eine Parabel dar, dann bilden *die Glieder 2. Grades ein vollständiges Quadrat;*

denn, weil $B^2 = 4\,AC$, ist $B = 2\,\sqrt{A}\cdot\sqrt{C}$, somit $A\,x^2 + B\,xy + C\,y^2 = A\,x^2 + 2\,\sqrt{A}\cdot\sqrt{C}\,x + C\,y^2 = (\sqrt{A}\cdot x + \sqrt{C}\cdot y)^2\,.$

Im 1. Beispiel dieses § ist $16\,x^2 + 24\,xy + 9\,y^2 = (4\,x + 3\,y)^2\,.$

Im 2. Beispiel dieses § ist $x^2 - 2\,xy + y^2 = (x - y)^2\,.$

4. Beispiel.

Eine Parabel hat den Scheitel im Schnittpunkte S der Geraden $g : x + y - 3 = 0$ und $l : x - y + 5 = 0$. g ist die Achse und l die Scheitel-

.tangente. Die Parabel geht durch den Nullpunkt. Wie heißt ihre Gleichung? (Abb. 105.)

Ist $P(x; y)$ ein Punkt der Parabel, so ist

$$PB = k \cdot PA^2 \text{ (Abschnitt 27)}.$$

$$PA = -\frac{x + y - 3}{\sqrt{2}}$$

$$PB = \frac{x - y + 5}{\sqrt{2}}.$$

Die Vorzeichen rechts sind so ge-wählt, daß für den Punkt O beide Abstände positiv sind. Demnach ist

$$\frac{x - y + 5}{\sqrt{2}} = k \cdot \left(\frac{x + y - 3}{\sqrt{2}}\right)^2.$$

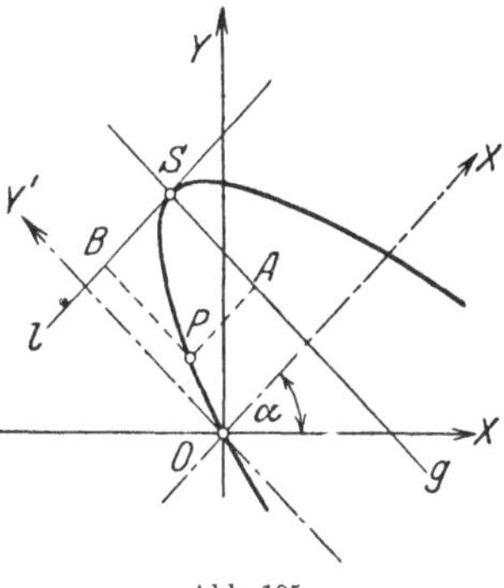

Abb. 105.

Die Konstante bestimmt sich aus der Bedingung, daß die Kurve durch $O\,(0;0)$ gehen muß; deshalb ist $\frac{5}{\sqrt{2}} = k \cdot \frac{9}{2}$ oder $k = \frac{10}{9\sqrt{2}}.$ Setzt man diesen Wert ein und vereinfacht, so erhält man

$$5\,(x + y)^2 - 30\,(x + y) - 9\,(x - y) = 0$$

als Gleichung der Parabel. Die Transformation auf das um O gedrehte System $(X'; Y')$ würde liefern $y = -\frac{5}{9}\sqrt{2} \cdot x^2 + \frac{10}{3}\,x$.

Übungen.

Man bringe die folgenden Gleichungen von Parabeln auf die Form $y = a\,x^2 + b\,x + c$.

1. $9\,x^2 - 24\,xy + 16\,y^2 - 200\,x - 150\,y = 0$.

2. $x^2 - 2\,xy + y^2 - 8\sqrt{2}\,(x + y) - 32 = 0$.

3. $(x - y)^2 - 27\,(x + y) + 216 = 0$.

4. $\sqrt{2}\,(x - y)^2 = 10\,(x + y) - 40$.

5. Die Achse der Parabel hat die Gleichung $3\,x - 2\,y - 14 = 0$; der Scheiteltangente entspricht die Gleichung $2\,x + 3\,y + 8 = 0$. Die Parabel geht durch O. Wie heißt die Gleichung?

6. Eine etwas schwierige Aufgabe: Eine Parabel berührt die X-Achse im Punkte $(a; 0)$, die Y-Achse in $(0; b)$. Wie lautet ihre Gleichung? (Kon-struiere Achse und Scheitel nach Abschnitt 34, 4. Beispiel und leite aus der Konstruktion die Gleichung ab.)

7. Die Parabel von der Gleichung $x^2 + 2\,xy + y^2 - 4\,x + 4\,y + 4 = 0$ berührt die Koordinatenachsen in $(2; 0$ und $(0; -2)$. Wie heißt die trans-formierte Gleichung?

8. $5\,x^2 - 10\,xy + 5\,y^2 + 16\sqrt{2}\,(x + y) - 160 = 0$.

9. $4\,x^2 + 4\,xy + y^2 - 22\sqrt{5}\,x + 4\sqrt{5}\,y - 100 = 0$.

10. $x^2 - 2xy + y^2 - 2a(x+y) + a^2 = 0$.

11. $9x^2 - 12xy + 4y^2 + 39\sqrt{13}\,y = 0$.

12. $x^2 + 2xy + y^2 + 4\sqrt{2}\,x - 12\sqrt{2}\,y - 56 = 0$.

§ 66. Besondere Fälle.

Aus der bloßen Tatsache, daß der Ausdruck $B^2 - 4AC$ größer, gleich oder kleiner als Null ist, darf man nicht den Schluß ziehen, daß der allgemeinen Gleichung 2. Grades nun auch wirklich eine Hyperbel, Parabel oder Ellipse entspreche. Die folgenden Beispiele sollen das erläutern. Wenn eine Gleichung von der Form

$$A x^2 + B x y + C y^2 = 0 \qquad (1)$$

vorliegt, so entspricht ihr kein eigentlicher Kegelschnitt; denn lösen wir die Gleichung nach y auf, so erhalten wir

$$y = \frac{-Bx \pm \sqrt{B^2 - 4AC}\cdot x}{2C}$$

$$y = (-B \pm \sqrt{B^2 - 4AC}) \cdot \frac{x}{2C}. \qquad (2)$$

Ist nun $B^2 - 4AC > 0$, so erhalten wir zwei Gleichungen von der Form $y = m_1 x$ und $y = m_2 x$, und das Polynom der Gl. (1) ist in zwei Linearfaktoren zerlegbar, etwa in der Form

$$(a_1 x + b_1 y)(a_2 x + b_2 y) = 0: \qquad (3)$$

Für jedes Wertepaar $(x; y)$, das den einen Faktor zu Null macht, wird auch das Produkt Null, also die Gl. (1) erfüllt. Alle Wertepaare, für die aber $a_1 x + b_1 y = 0$ oder $a_2 x + b_2 y = 0$ wird, entsprechen Punkten von zwei geraden Linien durch O. Im Falle $B^2 - 4AC > 0$ ist, repräsentiert Gl. (1) ein *Linienpaar* durch O und keine wirkliche Hyperbel. Wir können allerdings auch dieses Linienpaar als eine Hyperbel auffassen, die sich auf die Asymptoten reduziert hat. Als Kegelschnitt wird dieses Linienpaar erzeugt von jeder Ebene durch die Spitze des Kegels, wenn sie den Kegel in zwei Mantellinien schneidet.

Ist aber $B^2 - 4AC = 0$, so ist $y = m_1 x$ die einzige, doppelt zu zählende gerade Linie. Das Gleichungspolynom (1) ist ein vollständiges Quadrat etwa von der Form

$$(a_1 x + b_1 y)^2 = 0;$$

der Kegelschnitt hat sich auf eine doppelt zu zählende gerade Linie reduziert; man kann sie als Grenzfall einer Parabel auffassen; die Schnittebene des Kegels ist eine Tangentialebene.

Ist endlich $B^2 - 4AC < 0$, so entspricht einem reellen x kein reelles y. Die Gl. (1) ist dann außer dem Wertepaar $(0; 0)$ durch kein reelles Wertepaar erfüllbar. Die Ellipse hat sich auf einen Punkt reduziert; die Schnittebene trifft den Kegel nur in der Spitze. Siehe § 12. 4. Beispiel.

Es sind auch noch andere Fälle denkbar; doch soll hier nicht darauf eingetreten werden. Sie erledigen sich bei der in den früheren Abschnitten gegebenen Behandlung einer Gleichung 2. Grades von selbst. Hier einige Beispiele.

1. $x^2 - 4xy + 5y^2 - 10x + 24y + 29 = 0$.
2. $x^2 - 3xy + 4y^2 + 5x - 18y + 36 = 0$.
3. $x^2 - xy - 12y^2 = 0$.
4. $x^2 - 2xy + y^2 - 4 = 0$.
5. $(2x - 3y)^2 = -16$.
6. $(2x - y)^2 = 25$.
7. $(2x - 3y + 4)(5x - 3y + 6) = 0$.

Ergebnisse.

§ 1. 4. $(a; -b)$; $(-a; b)$; $(-a; -b)$.

5. Auf der Halbierungslinie a) des 1. und 3., b) des 2. und 4. Quadranten.

§ 6. 1. $AB = 11{,}18$; $BC = 12{,}04$; $AC = 7{,}62$; $u = 30{,}84$ cm.

2. $(3; 1)$.   3. $AC = BC = 10$ cm.   4. $\left(0; -\dfrac{1}{6}\right)$

§ 7. 1. $(1; 1)$.   2. $(0; 0)$.   3. $(1; 1)$.

§ 8. 1. $86{,}5$ cm². 2. $4344{,}3$ m². 3. $60{,}115$ cm². 4. 0; die Punkte liegen in einer Geraden.

§ 10. 3. $y = -0{,}9x + 4{,}8$. 4. a) $y = 2x - 8$. b) $y = -0{,}5x + 7$.

5. a) $y = 2x - 12$; b) $y = 1{,}5x - 9$; c) $y = -\dfrac{7}{11}x + \dfrac{92}{11}$.

7. $AB: y = -x + 1$; $AC: y = -\dfrac{1}{3}x + 5$; $BC: y = -2{,}5x + 11{,}5$.

8. $(-1; -3)$. 9. $(4^2/_3; 5^1/_3)$. 10. $(9; -22)$; Ja. 11. $3{,}13$ cm.
12. $(3, 2; 6{,}8)$; $59° 2'$, 5. 13. $(21, 54; 5, 85)$; $24° 9'$.
14. a) $63° 47'$; b) $69° 49'$. 15. $\alpha = 43° 6'$; $\beta = 38° 5$; $\gamma = 98° 49'$.
16. $\operatorname{tg} \gamma_2 = \operatorname{tg} \gamma_3 = (m - 1) : (m + 1)$. 18. $m = 3$.

19. $m_1 = \dfrac{m + \operatorname{tg}\beta}{1 - m \cdot \operatorname{tg}\beta}$; $m_2 = \dfrac{m - \operatorname{tg}\beta}{1 + m \cdot \operatorname{tg}\beta}$.

§ 14. 1. $1{,}94$. 3. $7{,}07$. 4. $10{,}7$; $10{,}8$; $13{,}9$. 5. $10{,}7$. 7. $x - 2y - 5 = 0$; $2x + y + 5 = 0$.

§ 16. 1. a) $x - 3y + 10 = 0$; $3x + y + 1 = 0$. b) $16x + 4y + 1 = 0$; $2x - 8y - 15 = 0$. c) $4x - 3y + 1 = 0$; $3x + 4y + 8 = 0$.
2. $4x - 10y + 1 = 0$. 3. $y = -2x + 3$.

§ 21. 1. $x = r(\alpha - \sin\alpha)$; $y = r(1 - \cos\alpha)$.

2. $x = (R + r)\cos\alpha - r \cdot \cos\left(\dfrac{R + r}{r}\alpha\right)$

$y = (R + r)\sin\alpha - r \cdot \sin\left(\dfrac{R + r}{r}\alpha\right)$.

3. $x = r(\cos\alpha + \hat\alpha \cdot \sin\alpha)$
$y = r(\sin\alpha - \hat\alpha \cdot \cos\alpha)$.

4. $x = 2r \cdot \operatorname{tg}\alpha$; $y = 2r \cdot \cos^2\alpha$; $y = \dfrac{8r^3}{x^2 + 4r^2}$.

§ 23. 1. $x^2 + y^2 = 25$.   2. $r^2 = 1600 : 41$; $r = 6{,}247$; $x^2 + y^2 = r^2$.

3. $x^2 + y^2 - 2rx = 0$; $x^2 + y^2 - 2ry = 0$; $x^2 + y^2 + 2rx = 0$; $x^2 + y^2 + 2ry = 0$.

4. $x^2 + y^2 = 4r^2$.

5. $x_1 = 4{,}828$; $x_2 = -0{,}828$; $y_1 = 1{,}236$; $y_2 = -3{,}236$; $(h; k) = (2; -1)$; $r = 3$.

6. $x^2 + y^2 - 2r(x + y) + r^2 = 0$.

7. a) $x^2 + y^2 = r^2(3 + 2\sqrt{2})$. b) $x^2 + y^2 = r^2(3 - 2\sqrt{2})$.

8. a) $(1; -1)$; $r = 4$. b) $(4; 0)$; $r = 5$. c) $\left(-\dfrac{5}{2}; \dfrac{1}{2}\right)$; $r = 3$.

d) $(5; -4)$; $r = \sqrt{41}$. e) $(3{,}5; -3{,}5)$; $r = 3{,}5$. f) imaginär. g) $(4; -1)$;
$r = 0$. h) $\left(-\dfrac{b}{2a}; -\dfrac{b}{2a}\right)$; $r = \dfrac{1}{2a}\sqrt{2b^2 - 4ac}$.

9. a) $x^2 + y^2 = 29$. b) $(h; k) = (3, 5; 2)$; $r = \sqrt{16{,}25}$. c) Gerade Linie:
$y = 0{,}5x + 3$. d) $(2{,}625; -7{,}25)$; $r = 10{,}34$.

10. $(12; 4)$; $r = 12{,}65$; $x^2 + y^2 - 24x - 8y = 0$.

11. $(x + 4)^2 + (y - 2)^2 = 36$. 12. $(4; 4)$ $(0{,}8; 2{,}4)$.

13. $x^2 - 12x + y^2 + 16 = 0$.

14. $x^2 + y^2 - 2r(x + y) + r^2 = 0$. $r_1 = 11{,}47$; $r_2 = 2{,}53$.

15. $x^2 + y^2 - 16(x + y) + 64 = 0$
$9(x^2 + y^2) + 48(x - y) + 64 = 0$.

16. $y = x - 2$. 17. $(h_1; k_1) = (1; 6)$; $(h_2; k_2) = (-3; 2)$; $r = 4$.

18. $x^2 + y^2 - 8x - 4y + 16 = 0$.

19. $r = 7{,}5$ cm; $y_1 = 2{,}725$; $y_2 = 1{,}83$ cm.

20. $y_1 = 2{,}2$; $y_2 = 2{,}84$; $y_3 = 4$ cm.

21. $x = \dfrac{4ar^2}{a^2 + 4r^2}$; $y = \dfrac{2ra^2}{a^2 + 4r^2}$.   22. $x = \pm\dfrac{3}{5}r$; $y = \dfrac{4}{5}r$.

23. $OP = 2Rr : \sqrt{R^2 + r^2}$.   24. Wie 21. $r = a^2 : 4R$.

§ 24. 1. $(5; 0)$, $(3; 4)$, $53°\,8'$.   2. $y = 2x \pm 4\sqrt{5}$.

3. $-3x + 2y = 0$; $3x + 2y = 18$. 4. $y = \dfrac{1}{3}\sqrt{3}\,x$; $y = -\dfrac{1}{3}\sqrt{3} \cdot x$.

5. $4x + 3y = 36$; $4x - 3y = 30$.   6. $b_1 = 8 + 5\sqrt{2}$; $b_2 = 8 - 5\sqrt{2}$.
7. 7 cm.

§ 25. 1. $2(h_1 - h_2)x + 2(k_1 - k_2)y + (h_2^2 - h_1^2) + (k_2^2 - k_1^2) +$
$+ (r_1^2 - r_2^2) = 0$.

2. $8x - 8y - 23 = 0$.

3. $n = -1 : 3$; $x^2 + y^2 - 8y - \dfrac{39}{2} = 0$.   5. $x^2 + y^2 - 3x - 2 = 0$.

§ 26. 1.

$\alpha =$	0	5	10	15	20	25	30°
$\varrho_1 =$	15	14,89	14,54	13,94	13,04	11,74	8,66
$\varrho_2 =$	5	5,04	5,16	5,38	5,75	6,39	8,66

$\varrho^2 - 20\varrho\cos\alpha + 75 = 0$; $\varrho_1\varrho_2 = 75$.

2. $\varrho = \dfrac{a}{2}\cos\alpha + \dfrac{b}{2}\sin\alpha$. (Beispiel 4.)

3. $s = 2r\sqrt{\sin(2\alpha)}$.   7. a) Kreismittelpunkt $M(-1; 1)$; $r = 3$.

b) $M(3; 4)$; $r = 6$.   c) $M\left(\frac{1}{2}; \frac{1}{2}\right)$; $r = \frac{1}{2}\sqrt{2}$.

11. $x^2 + (y - \frac{a}{2}\operatorname{ctg}\alpha)^2 = \frac{a^2}{4\sin^2\alpha}$;   12. Kreis: $\varrho = a\cos\alpha$.

13. $x^2 + y^2 + 2ay\operatorname{ctg}\alpha = a^2$.

§ 34. 1. $x = y = 10$. 3. a) $(x_1 = 4{,}658; y_1 = 4{,}316)$ und $(x_2 = 1{,}342; y_2 = -2{,}316)$. b) $x_1 = x_2 = 0{,}25$ (Tangente). c) Die Gerade schneidet die Parabel nicht.

4. Für $x = \pm 2 \pm 4 \pm 6 \pm 8$
  ist $y = -0{,}8 \quad -3{,}2 \quad -7{,}2 \quad -12{,}8$.
Tangente: $y = -2{,}4x + 7{,}2$; $P(2{,}5; -1{,}25)$.

6. $y = 4x - 36$; $y = -\frac{4}{9}x - \frac{4}{9}$. 7. a) $x_{1,2} = \pm 3{,}33$; $y_{1,2} = 2{,}217$.

  b) $(0; 0)$; $(6{,}823; 4{,}655)$.   10. $M = \frac{p}{2}x^2$.

13. $F = \frac{1}{12p}(x_2 - x_1)^3 = \frac{a}{6}(x_2 - x_1)^3$,   wenn $y = ax^2 = \frac{1}{2p}x^2$.

14. $(4; 4)$; $2\sqrt{5}$.

§ 37. 1. $(2{,}5; -1{,}375)$.

4. a) $y = -0{,}2x^2 + 0{,}6x + 4{,}6$; $(1{,}5; 5{,}05)$.
  b) $y = 0{,}4x^2 + 0{,}6x - 9$; $(-0{,}75; -9{,}225)$.

  c) $y = -\frac{1}{9}x^2 + \frac{4}{3}x$; $(6; 4)$.   d) $y = -0{,}08x^2 + 1{,}2x$; $(7{,}5; 4{,}5)$.

  e) $y = \frac{1}{2}x^2 - 0{,}5$ und $y = -\frac{1}{18}x^2 + 4{,}5$.

5. $x = -0{,}16y^2 + 1{,}6y$; $y = -\frac{5}{8}x + 10$.

6. $\frac{4(h_2 - h_1)}{s^2}x(s - x)$; $F = \frac{2}{3}s(h_2 - h_1)$.   9. $y = \frac{1}{8}x^2 - \frac{5}{4}x + \frac{41}{8}$.

10. $y = -0{,}16x^2 + 1{,}64x - 0{,}64$.   11. $y = \frac{b - 4h}{a}x + \frac{4h}{a^2}x^2$.

12. $\left.\begin{array}{l} y = v_0\sin\alpha \cdot t - \frac{g}{2}t^2 \\ x = v_0\cos\alpha \cdot t \end{array}\right\}$ $y = x\cdot\operatorname{tg}\alpha - \frac{g}{2v_0^2\cdot\cos^2\alpha}\cdot x^2$ (Parabel).

  Wurfweite: $\frac{v_0^2}{g}\cdot\sin(2\alpha) = w$; $w_{max} = \frac{v_0^2}{g}$ für $\alpha = 45°$.

  Wurfhöhe: $\frac{v_0^2}{2g}\cdot\sin^2\alpha = h$; $h_{max} = \frac{v_0^2}{2g}$ für $\alpha = 90°$.

13. $M = \frac{pl}{2}x - \frac{p}{2}x^2$ (Parabel); $M_{max} = \frac{pl^2}{8}$ (in der Mitte).

14. Summenkurve: $y = -0{,}1x^2 + 1{,}4x + 5$.   Scheitel: $(7; 14{,}4)$.

15. $y = a\cdot\frac{\mu_1^2}{\mu_2}x^2 + b\cdot\frac{\mu_1}{\mu_2}x + \frac{c}{\mu_2}$.

17. Parabel. $g = $ Leitlinie; $P = $ Brennpunkt.

18. $y = \dfrac{1}{2r}\,x^2 - \dfrac{r}{2}$ oder $y = \dfrac{r}{2} - \dfrac{1}{2r}\,x^2$.

19. $y = -\dfrac{1}{2\,(c-a)} \cdot x^2 + \dfrac{a+c}{2}$; $\ a = $ Abstand des Punktes von g.

20. $y = \dfrac{1}{2a}\,x^2 + \dfrac{a^2 - r^2}{2\,a}$; $\ a = $ Abstand des Mittelpunktes von g.

21. $y = \dfrac{1}{a}\,x^2 - x$.

22. $y = a + \dfrac{x^2}{a}$; $\ a = $ Abstand des Punktes von g.

§ 47. 1. $y = 8$; Tangente: $y = -0,5\,x + 12,5$; Normale: $y = 2\,x - 10$; $r = 6,67$; $R = 22,5$ cm.

2. $\left(\dfrac{a}{2}\,\sqrt{2}\,;\ \dfrac{b}{2}\,\sqrt{2}\right)$; 16,49 cm.

3. Quadrat $= \dfrac{4\,a^2\,b^2}{a^2 + b^2}$; Rhombus $= 2\,(a^2 + b^2)$.　4. $a = 10$; $b = 5$.

6. $a = r \cdot \sqrt{2} \cdot \cos\dfrac{\alpha}{2}$; $\ b = r\,\sqrt{2} \cdot \sin\dfrac{\alpha}{2}$.　7. $y = -0,8\,x \pm 5$.

8. $x^2 = 2 \cdot \dfrac{a^2}{b} \cdot y - \dfrac{a^2}{b^2} \cdot y^2$.　　9. $yy_1 = \dfrac{b^2}{a}\,(x + x_1) - \dfrac{b^2}{a^2}\,x \cdot x_1$.

10. a) $\dfrac{(x-4)^2}{4} + \dfrac{(y-5)^2}{25} = 1$.　　b) $\dfrac{x^2}{25} + \dfrac{(y-3)^2}{9} = 1$.

　　c) $\dfrac{(x+1)^2}{64} + \dfrac{(y+2)^2}{16} = 1$.　　d) $\dfrac{(x-6)^2}{36} + \dfrac{y^2}{9} = 1$.

11. $A\,(6;4)$; $B\,(8;3)$ $\gamma = 13°\,8'$.　13. $\gamma = 102°\,40'$.

15. Ist A in der X-, B in der Y Achse, $\ AP = b$; $\ BP = a$, so ist $y = \dfrac{b}{a}\,\sqrt{a^2 - x^2}$ (Ellipse).

16. $\left(\dfrac{s}{r}\right)^2 + \left(\dfrac{v}{r\,\omega}\right)^2 = 1$ (Kurbelschleife).

17. Ellipse: $\left.\begin{aligned} x &= (R + r)\cos(\omega t) \\ y &= (R - r)\sin(\omega t) \end{aligned}\right|$ $\dfrac{x^2}{(R+r)^2} + \dfrac{y^2}{(R-r)^2} = 1$.

20. $\dfrac{x^2}{a^2} + \dfrac{y^2}{\left(\dfrac{a}{2}\right)^2} = 1$.　Abszisse von $P = $ Abszisse von Q.

23. $b^2\,(x - 2\,a)^2 + a^2\,y^2 = a^2\,b^2$.

§ 49. 3. $A_1\,(2\sqrt{2}\,;\,\sqrt{2})$ $\ B_1\,(-2\sqrt{2}\,;\,\sqrt{2})$; $\ \sqrt{10} = a_1 = b_1$.
　　4. $39°\,52'$　　5. $4,84 = a$; $\ 1,24 = b$; $\ \omega = 10°\,24',5$.

§ 50. 1. $\dfrac{x^2}{\left(\dfrac{R+r}{2}\right)^2} + \dfrac{y^2}{Rr} = 1$.

4. Die Fußpunkte liegen auf einem Kreis um M mit Radius a. Die symmetrischen Punkte zu F liegen auf einem Kreis um den andern Brennpunkt mit dem Radius $2a$.

§ 56. 1. $\dfrac{y^2}{4} - \dfrac{x^2}{16} = 1.$ 2. $x = \pm \dfrac{a}{2}\sqrt{6}$; $y = \pm \dfrac{a}{2}\sqrt{2}$; $\gamma = 60°$.

3. a) $(y-1)^2 - (x-1)^2 = 4$; $a = 2$; $b = 2$; $M(1;1)$.

 b) $\dfrac{(x-3)^2}{9} - \dfrac{y^2}{4} = 1$; $a = 3$; $b = 2$; $M(3;0)$.

 c) $\dfrac{(y-0{,}8)^2}{4} - \dfrac{x^2}{4} = 1$; $a = 2$; $b = 2$; $M(0;0{,}8)$.

 d) $\dfrac{x^2}{a^2} - \dfrac{y^2}{b^2} = 1$; $a = \sqrt{\dfrac{C}{A}}$; $b = \sqrt{\dfrac{C}{B}}$.

 e) $\dfrac{(y+2)^2}{4/3} - (x+1)^2 = 1$; $a = \dfrac{2}{3}\sqrt{3}$ (Haupt-Halbachse); $b = 1$.

4. $a = \sqrt{7}$; $b = \dfrac{2}{3}\sqrt{7}$.   5. $\dfrac{x^2}{a^2} - \dfrac{y^2}{b^2} = 1$.   9. $x^2 - y^2 = a^2$.

11. $(x-r)^2 - y^2 = r^2$ (gleichseitige Hyperbel).

§ 58. 4. a) $(x-3)(y-5) = 9$; $(h;k) = (3;5)$.
 b) $(x-3)(y-8) = -20$; $(3;8)$.
 c) $(x+4)(y-7) = -28$; $(-4;7)$.
 d) $(x-2)\,y = 25$; $(2;0)$.

6. a) $(x-2)(y-2) = 15$; $(h;k) = (2;2)$ Scheitel $(2 \pm \sqrt{15}$;
 $2 \pm \sqrt{15})$.

 b) $(x+3)(y-6) = -18$; $(-3;6)$.
 c) $(x+3)(y+4) = 12$; $(-3;-4)$.
8. a) $(x-1)(y+2) = 20$; $(1;-2)$.
 b) $(x+0{,}5)(y-3) = 11{,}5$; $(-0{,}5;3)$.
 c) $(x-3)(y-3) = 9$; $(3;3)$.
10. $(x-2)(y-1) = 2$; $(2;1)$.

§ 60. 3. Auf einem Kreise mit dem Radius $2a$ um den andern Brennpunkt.

 4. Auf einem Kreise mit dem Radius a um O.

§ 63. 1. Ellipse · Mittelpunkt $(-\sqrt{2};\sqrt{2})$; $5x^2 - 6xy + 5y^2 = 32$; $\alpha = 45°$; $x^2 : 16 + y^2 : 4 = 1$.

 2. Ellipse: $M(3;1)$; $5x^2 - 4xy + 8y^2 = 36$; $\mathrm{tg}(2\alpha) = 4:3$ $x^2 : 9 + y^2 : 4 = 1$.

 3. Ellipse: $M(1;2)$; $5x^2 + 6xy + 5y^2 = 32$; $\alpha = 45°$; $x^2 : 4 + y^2 : 16 = 1$.

 4. Ellipse: $M(1;2)$; $17x^2 - 12xy + 8y^2 = 80$; $\mathrm{tg}\,2\alpha = -4:3$; $x^2 : 16 + y^2 : 4 = 1$.

 5. Ellipse: $M(0;0)$; $\mathrm{tg}(2\alpha) = -4:3$; $x^2 : 25 + y^2 : 4 = 1$.
 6. Ellipse: $M(0;0)$; $\alpha = 45°$; $x^2 : 4 + y^2 : 12 = 1$.
 7. Ellipse: $M(0;1)$; $\mathrm{tg}\,2\alpha = 24:7$; $x^2 : 9 + y^2 : 36 = 1$.
 8. Ellipse: $M(4;0)$; $\mathrm{tg}\,2\alpha = 4:3$; $x^2 : 4 + y^2 : 9 = 1$.
 9. Hyperbel: $M(-2;-2)$; $2x^2 + 3xy - 2y^2 = 12$; $\alpha = 45$; $x^2 : \left(\dfrac{24}{5}\right) - y^2 : \left(\dfrac{24}{5}\right) = 1$.

Asymptoten: $y = 2\,x + 2$; $\quad y = -\dfrac{1}{2}\,x - 3$ bezogen auf $(x;\,y)$.

10. Hyperbel: $M\,(0;\,2)$; $\;\; 3\,x^2 + 8\,xy - 3\,y^2 + 27 = 0$;
$y^2 : 5,4 - x^2 : 5,4 = 1$.

Asymptoten: $3\,x - y = 0$; $\;\; x + 3\,y = 0$ (bezg. $x'y'$); $\operatorname{tg} 2\,\alpha = 4 : 3$.

11. Hyperbel: $M\,(0;\,0)$; $\;\; \operatorname{tg} 2\,\alpha = 3 : 4$; $\;\; y^2 : 2 - x^2 : 18 = 1$.

Asymptoten: $y = 0$; $\;\; y = \dfrac{3}{4}\,x$.

12. Hyperbel: $M\,(-2;\,-1)$; $2\,x^2 - xy = 6$;
$y^2 : 12\,(\sqrt{5} - 2) - x^2 : 12\,(\sqrt{5} + 2) = 1$.

Asymptoten: $x = 0$; $\;\; y = 2\,x$ bezogen auf $x'y'$.

13. Hyperbel: $M\,(2;\,2)$; $\;\; x^2 - 6\,xy + y^2 = 16$; $\;\; \alpha = 45°$;
$y^2 : 4 - x^2 : 8 = 1$.

Asymptoten: $m_1 = 3 + 2\sqrt{2}$; $\;\; m_2 = 3 - 2\sqrt{2}$; $\;\; y = m_1\,x$; $\;\; y = m_2\,x$;
bezogen auf $x'y'$.

14. Hyperbel: $M\,(0;\,0)$; $\;\; \alpha = 45°$; $\;\; x^2 : 2 - y^2 : 4 = 1$.

15. Ellipse: $x^2 + y^2 - 2\,xy \cos\alpha = a^2 \sin^2\alpha$. (Mittelpunktsgleichung.)
$$x^2 : 2\,a^2 \cos^2\frac{\alpha}{2} + y^2 : 2\,a^2 \sin^2\frac{\alpha}{2} = 1; \quad \alpha = 45°.$$

17. $11\,x^2 - 14\,xy + 11\,y^2 + 16\,x + 16\,y - 112 = 0$
oder $\dfrac{(x - y)^2}{16} + \dfrac{(x + y + 4)^2}{72} = 1$.

18. $17\,x^2 - 16\,xy + 17\,y^2 - 2\,x - 52\,y - 172 = 0$.

19. $\dfrac{(x - 2\,y + 3)^2}{20} - \dfrac{(2\,x + y - 4)^2}{20} = 1$
oder $3\,x^2 + 8\,xy - 3\,y^2 - 22\,x + 4\,y + 27 = 0$.

20. $11\,x^2 + 24\,xy + 4\,y^2 - 24\,x - 8\,y + 184 = 0$.

21. $y = 2\,x + 3 - \dfrac{6}{x + 2}$ oder $\;\; 2\,x^2 - xy + 7\,x - 2\,y = 0$.

§ 65. 1. $y = 0{,}1\,x^2$. $\quad$ 2. $y = \dfrac{1}{8}\,x^2 - 2$. $\quad$ 3. $y = \dfrac{\sqrt{2}}{27}\,x^2 + 4\sqrt{2}$.

4. $y = 0{,}2\,x^2 + 2\sqrt{2}$.

5. $2\,(3\,x - 2\,y)^2 - 56\,(3\,x - 2\,y) = 49\,(2\,x + 3\,y)$

oder transformiert: $\qquad y = \dfrac{2\sqrt{13}}{49}\,x^2 - \dfrac{8}{7}\,x$.

6. Parabelachse: $y = \dfrac{b}{a}\,x + b \cdot \dfrac{a^2 - b^2}{a^2 + b^2}$;

Scheiteltangente: $y = -\dfrac{a}{b} \cdot x + \dfrac{a^2 b}{a^2 + b^2}$;

Scheitel: $x_0 = \dfrac{a b^4}{(a^2 + b^2)^2}$; $\quad y_0 = \dfrac{a^4 b}{(a^2 + b^2)^2}$;

Gleichung: $(b\,x - a\,y)^2 - 2\,a\,b\,(b\,x + a\,y) + a^2 b^2 = 0$.

7. $y = \dfrac{1}{4}\sqrt{2} \cdot x^2 + \dfrac{1}{2}\sqrt{2}$.

8. $\alpha = -45°$; $\qquad y = -\dfrac{5}{16}x^2 + 5$.

9. $\operatorname{tg}\alpha = 1:2$; $\qquad y = -\dfrac{1}{6}x^2 + \dfrac{4}{3}x + \dfrac{10}{3}$.

10. $\alpha = -45°$; $\qquad y = \dfrac{\sqrt{2}}{2a}x^2 + \dfrac{\sqrt{2}}{4}a$.

11. $\operatorname{tg}\alpha = -2:3$; $\qquad y = -\dfrac{1}{9}x^2 + \dfrac{2}{3}x$.

12. $\operatorname{tg}\alpha = 1$; $\qquad y = \dfrac{1}{8}x^2 - 0{,}5\,x - 3{,}5$.

§ 66. 1. Nur erfüllt für $M(1;-2)$: $x^2 - 4xy + 5y^2 = 0$.
2. Für kein reelles Wertepaar erfüllt: $x^2 - 3xy + 4y^2 = -14$.
3 Zwei gerade Linien: $(x+3y)(x-4y) = 0$.
4. Zwei parallele Linien: $(x-y) = \pm 2$.
5. Imaginäre Gerade.
6. Parallele Gerade: $y = 2x \pm 5$.
7. Zwei Gerade: $2x - 3y + 4 = 0$; $5x - 3{,}y + 6 = 0$.

Sachverzeichnis.

Die Zahlen sind Seitenzahlen.

Abschnitte einer Geraden auf den Achsen 19; der Tangenten bei der Parabel 55; bei der Ellipse 74; der Hyperbel 92.

Abstand eines Punktes von einer Geraden 23; zweier Punkte 7.

Abszisse 1.

Achsen der Ellipse 71; Konstruktion 77; Berechnung 82; der Hyperbel 91; der Parabel 52; Konstruktion 60; beim Kegelschnitt 105; Achsengleichung, bei der Ellipse 71; Hyperbel 89; Kegelschnitt 103, 109.

Allgemeine Gleichung, einer Geraden 19; eines Kreises 41; eines Kegelschnittes 101, 105.

Astroide 39.

Asymptoten der Hyperbel 90, 95, 111.

Besondere Fälle der allgemeinen Kegelschnittsgleichung 116.

Brennpunkte, Parabel 51; Ellipse 85; Hyperbel 98.

Brennstrahlen, Berechnung der, bei der Ellipse 86; Hyperbel 99.

Diagonalpunkte bei der Ellipse 76.

Drehung des Koordinatensystems 35

Drehungssinn, positiver 1.

Einheiten, verschiedene 28.

Entfernung zweier Punkte 7.

Ellipse, als affine Figur 71, als Projektion 81; als Ort 86 (Brennpunkte); Bewegung einer Geraden 80.

Ellipsenzirkel 74.

Epizykloide 40.

Exzentrizität 86, 99, 104.

Flächenbestimmung, eines Polygons 11.

Flächengleiche Parallelogramme 88, 95.

Ganze Funktion, 2. Grades 63.

Gebrochene lineare Funktion 96.

Geometrische Bedeutung der Koeffizienten 14; in der Parabelgleichung 65.

Gerade Linie 13; Hauptgleichung 13; andere Gleichungen 18; Normalform 19.

Gleichseitige Hyperbel 93, 95.

Gleichung 1. Grades 19; 2. Grades 105.

Graphische Darstellungen 3.

Hilfsveränderliche (Parameter) 38.

Horizontaler Wurf 60.

Kegelschnitte 101; Polargleichung 104; Gleichung 2. Grades 105.

Konjugierte Durchmesser 82, — Hyperbeln 90.

Konstruktion der Ellipse 77; der Hyperbel 91; der Parabel 51, 53, 57, 60.

Koordinaten, rechtwinklige 1; schiefwinklige 85; Polark. 36.

Kreisbüschel 47.

Kreisevolvente 40.

Kreisgleichungen 40, 48.

Krümmungsradius, Parabel 58; Ellipse 75; Hyperbel 100.

Längeneinheiten, verschiedene 28.

Leitlinie, Parabel 51; Kegelschnitt 103.

Mittelpunkt, einer Strecke 10; Kegelschnitt 107.

Normale, Gerade 16; Parabel 58; Ellipse 87.

Normalform der Gleichung einer Geraden 19.

Ordinate 1.

Parabel 51—69, 97.

Parallele Gerade 16.

Parallele Sehnen, Parabel 54, Ellipse 72.

Parallelverschiebung 34.

Polargleichung, Parabel 69; Ellipse 87; Hyperbel 101; gemeinsame 104.

Polarkoordinaten 36.

Polygonfläche 11.

Projektion, einer Strecke 10; einer Parabeltangente 57; eines Kreises 81.

Proportionale Größen 29; umgekehrt proportional 98.

Rechtecke gleicher Fläche 95.

Rechtwinklige Koordinaten 1.

Richtungswinkel 8.

Scheitel, Parabel 52; Ellipse 71; Hyperbel 89.

Scheitelgleichungen, Parabel 52; Ellipse 75; Hyperbel 89.

Scheitelkreise 72.

Schwerpunkt eines Dreiecks 10.

Segment einer Parabel 59.

Sinn der Drehung 1.

Steigung einer Geraden 14.

Strahlbüschel 26.

Subnormale 58.

Symmetrie 7.

Tangentengleichung 33, Parabel 55, 64; Kreis 33; Ellipse 74; Hyperbel 92.

Teilungsverhältnis 10.

Transformation, polar in rechtw. Koordinaten 37; in affine Figuren 70; der allg. Gleichung 2. Grades 105.

Winkel zwischen zwei Geraden 16.

Winkelhalbierende 25.

Zeichnung einer Geraden 15; einer Parabel 51, 53, 57, 60; einer Ellipse 72, 77; einer Hyperbel 91.

Zykloide 40.